Band 318

OutdoorHandbuch

Marie-Luise und Dieter Großelohmann

Ratgeber rund um den Wohnwagen

Ratgeber rund um den

die **OUTDOOR** Verlage

Mit uns nach draußen

OutdoorHandbuch aus der Reihe „Basiswissen für draußen", Band 318

ISBN 978-3-86686-378-1   1. Auflage

© BASISWISSEN FÜR DRAUSSEN, DER WEG IST DAS ZIEL und FERNWEHSCHMÖKER sind
urheberrechtlich geschützte Reihennamen für Bücher des Conrad Stein Verlags

Dieses OutdoorHandbuch wurde konzipiert und redaktionell erstellt vom
Conrad Stein Verlag GmbH, Postfach 1233, 59512 Welver,
Kiefernstraße 6, 59514 Welver, ☎ 023 84/96 39 12, FAX 96 39 13,
✎ info@conrad-stein-verlag.de, 🖥 www.conrad-stein-verlag.de

 Werden Sie unser Fan: 🖥 www.facebook.com/outdoorverlage

Unsere Bücher sind überall im wohl sortierten Buchhandel und in cleveren Out-
doorshops in Deutschland, Österreich und der Schweiz erhältlich.
Auslieferung für den Buchhandel:

D	Prolit, Fernwald und alle Barsortimente
A	freytag & berndt, Wolkersdorf
CH	AVA-buch 2000, Affoltern und Schweizer Buchzentrum
I	Leimgruber A & Co. OHG/snc, Kaltern
BENELUX	Willems Adventure, LT Maasdijk
E	mapiberia f&b, Ávila

Text und Fotos: Marie-Luise und Dieter Großelohmann
Lektorat und Layout: Amrei Risse
Gesamtherstellung: AZ Druck und Datentechnik GmbH, Kempten

Titelfoto: Schöner Stellplatz in Norwegen

Inhalt

Outdoorliteratur und Umweltschutz
- was könnte besser zusammenpassen? Wir vom Conrad Stein Verlag produzieren unsere Bücher so umweltschonend wie möglich.

Wir drucken klimaneutral!
Wir verwenden nicht nur umweltfreundliche Materialien, sondern arbeiten auch mit einer Druckerei zusammen, die sich für Klimaschutz engagiert. Dass beim Druck klimaschädliches CO_2 entsteht, lässt sich leider nicht vermeiden. Dies versuchen wir aber auszugleichen, indem wir Klimaschutzprojekte unterstützen - z.B. den Bau von Wasserkraftwerken, die besonders wenig CO_2 produzieren. So werden die Treibhausgase, die beim Druck unserer Bücher entstehen, an anderer Stelle eingespart.

Auf unserer Homepage finden Sie für jedes Buch eine Climate-Partner-Zertifikatsnummer und einen Link zu der Seite 🖥 www.climatepartner.com. Hier finden Sie weitere Informationen und können sehen, welche Umweltprojekte mit unseren Abgaben gefördert wurden.

Übrigens ...
... war der Conrad Stein Verlag der erste Buchverlag in Deutschland, der konsequent klimaneutral produzieren und transportieren ließ. Wir hoffen, dass uns viele andere Verlage auf diesem Weg folgen!

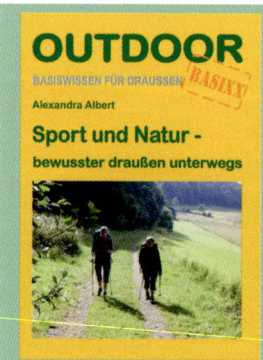

Über die Autoren

Marie-Luise und Dieter Großelohmann sind begeisterte Camper und in ihren ersten gemeinsamen Urlauben mit dem Zelt durch die Schweiz, Dänemark und Kanada vagabundiert. Dann nahm ihnen der abendliche Auf- und morgendliche Abbau des Zeltes doch zu viel Urlaubszeit in Anspruch. Da beide begeisterte Urlaubsköche sind, fehlte ihnen außerdem die dafür notwendige Küchenausstattung. Es folgte ein kleiner, alter, eigenhändig optimierter Wohnwagen - allerdings noch ohne Dusche -, mit dem sie durch Norwegen, wieder die Schweiz und Frankreich zuckelten.

Als der Wagen immer häufiger auch für Übernachtungen während diverser Messen und anderer Veranstaltungen gebraucht wurde, musste dann ein neuer Caravan her, der auch mit den notwendigen Sanitäreinrichtungen aufwarten konnte. Er begleitete sie schon auf vielen beruflichen Reisen und außerdem auf bisher 7.000 km durch Norwegen und Schweden.

Vorwort

Sie überlegen, sich einen Wohnwagen zu kaufen? Und dazu noch Ihren ersten? Dann wird Ihnen dieses Buch mit vielen Tipps bei der Entscheidung für das „richtige" Modell helfen. Wir geben außerdem Hinweise für nützliches Zubehör und eine sinnvolle Ausstattung des Innenraums, stellen Ihnen die möglichen technischen Spielereien vor und versorgen Sie mit vielen Ideen, die Energie und Wasser sparen. Unsere „kleine Fahrschule" hilft Ihnen, im nächsten Urlaub auch in schwierigen Situationen sicher unterwegs zu sein. Auch „alte Hasen" werden in dem Buch den ein oder anderen guten Tipp finden.

Weniger angesprochen sind **Dauercamper**, für die viele der hier angesprochenen Themen nicht relevant sind. Ebenso geben wir keine umfassenden Anleitungen für **Selbstausbauer**. An einige Dinge, die wir beschreiben, wie z.B. das Verdrahten des Steckers fürs Auto, sollten sich nur halbwegs versierte **Heimwerker** wagen. Alle anderen suchen sich bitte eine kundige Hilfe.

Starten wir mit ein klein wenig Geschichte: Wohnwagen, auch Caravans, genannt, sind keine neue Erfindung. Und auch die Holländer haben ihn nicht erfunden - es waren die Engländer, die als Erste mit zum Teil von Pferden gezogenen, luxuriös eingerichteten Wagen in den Urlaub zogen. Das deutsche Pendant „erfand" Arist Dethleffs 1931 auf Wunsch seiner Frau, die ihn auf seinen Geschäftsreisen begleiten wollte. Aber einfache Unterkünfte auf

Nachbau des ersten Wohnautos von Arist Dethleffs im Erwin-Hymer-Museum (📷 Erwin-Hymer-Museum/Milla)

Rädern, wie zum Beispiel „Wohnwagen" für Schäfer und frühe Schausteller oder die Planwagen der Auswanderer in Amerika, gab es auch schon wesentlich früher.

Unbedingt einen Besuch wert: das Erwin-Hymer-Museum
(📷 Erwin-Hymer-Museum)

Wer intensiver in die Geschichte eintauchen möchte, dem sei ein Besuch des Erwin-Hymer-Museums in Bad Waldsee ans Herz gelegt. Vielleicht schauen Sie bei Ihrer nächsten Fahrt in den Süden mal dort hinein. Auf 6.000 m² Ausstellungsfläche finden Sie etwa 50 Wohnwagen (insgesamt etwa 90 rollende Exponate) vom Anfang des mobilen Urlaubs bis heute. Darunter finden Sie kuriose Modelle, z.B. mit einem absenkbaren Fußboden für Stehhöhe oder auseinanderziehbar (ein frühes Slide-out). Selbstbaufahrzeuge sind genauso dabei wie Wagen vom Band. Teilweise handelt es sich um komplette historische Gespanne. Auch Wohnmobile und eine Ausstellung zur Entwicklung der Technik können bestaunt werden. In einem Computerspiel können Sie herausfinden, ob auch in Ihnen ein „Wohnwagenbauer" steckt. Die Cafeteria bietet sich für eine abschließende Stärkung an. Bringen Sie in jedem Fall genug Zeit mit!

◆   Erwin-Hymer-Museum, Robert-Bosch-Str. 7, 88339 Bad Waldsee,
    ☎ 075 24/97 06 60 76-00, 🖥 www.erwin-hymer-museum.de,
    ✍ info@erwin-hymer-museum.de, € 9,50/Erwachsene, € 4,50/Kinder
    von 6 bis 18 Jahren, darunter frei, 🕐 tägl. außer 24. und 31.12. 10:00 bis 18:00,
    Do bis 21:00

Die Alpenpassroute im Museum (📷 Erwin-Hymer-Museum)

Zwei Gedanken vorweg:

In Deutschland darf auch ein angemeldeter Wohnwagen abgekuppelt nicht
länger als 14 Tage ununterbrochen (eine halbe Stunde wegzufahren gilt nicht
als Unterbrechung) an einer öffentlichen Straße oder auf einem öffentlichen
Parkplatz parken. Sie benötigen also in jedem Fall einen Stellplatz. Wenn Sie
kein Haus mit passendem Grundstück besitzen, müssen Sie jemanden finden,
bei dem Sie den Wagen in der Zeit, in der Sie ihn nicht benutzen, unterstel-
len können. Ideal ist z.B. eine Scheune oder ein Unterstellplatz bei einem
Bauern. Das gilt verstärkt, wenn Sie nur eine Saisonzulassung nutzen möchten. Ohne Zulassung darf der Wagen überhaupt nicht auf öffentlichen Plätzen abgestellt werden.

Auch dürfen Personen, die ihren Führerschein (Klasse B) nach dem 1.1.1999 gemacht haben, nur Anhänger bis 750 kg ziehen. Einzige Ausnahme: **Anhänger** über 750 kg dürfen dann gezogen werden, wenn die zulässige Gesamtmasse des Anhängers zusammen **nicht größer** ist als die Leermasse des Kraftwagens **und** die Summe der zulässigen Gesamtmassen von Zugfahrzeug und Anhänger **nicht größer** ist als 3,5 t. Ab dem 1.1.2013 können Sie das mit einer zusätzlichen Schulung auf 4,2 t erhöhen. Denken Sie daran und machen Sie, falls nötig, noch rechtzeitig vor Ihrem Urlaub einen Anhängerführerschein.

Danke

sagen wir allen Leuten, die uns unsere Fragen geduldig beantwortet haben, insbesondere Helge Vester von Dethleffs, Dominik Walz von LMC/T.E.C., Sibylle Kloos vom Erwin-Hymer-Museum, Christina Guntowski von Emuk, Delphine Terrasson von Thule, Maite Dorrio und Andreas Gielens von Gimex und Peter Gelzhäuser von Multiman. Ganz besonders aber bedanken wir uns bei unserer Lektorin Amrei, die sich an die vielen Wohnwagenurlaube mit ihrer Familie erinnerte und uns noch auf einige Themen aufmerksam machte, die wir schlicht vergessen hatten.

Die Kaufentscheidung

Neu oder gebraucht?

Einen neuen Wohnwagen zu kaufen hat natürlich einige Vorteile: Alle Einbauten und Geräte sind auf dem neuesten Stand und im besten Zustand, Sie können die Ausstattung, die Farbe der Polster etc. selbst aussuchen und haben zwei Jahre Garantie. Außerdem bekommen Sie bei einem Neuwagen üblicherweise zusätzlich zur „normalen" Garantie noch fünf Jahre Dichtigkeitsgarantie, wenn Sie jährlich zur Überprüfung fahren. Wenn Ihnen diese Dinge nicht so wichtig sind und/oder Ihr Budget eher klein ist, ist ein gut gepflegter gebrauchter Wohnwagen eine gute und vor allem preisgünstigere Alternative. (☞ Kosten)

Soll es also ein gebrauchter Caravan werden, sollten Sie ihn entweder bei einem Händler kaufen, der Ihnen z.B. eine Garantie gibt, dass der Wagen dicht ist, oder bei einem Privatkauf jemanden mitnehmen, der sich auskennt, bzw. darauf bestehen, dass der Verkäufer eine Dichtigkeitskontrolle vornimmt, denn dies ist einer der Hauptmängel bei Wohnwagen. Eine weiche, auf Druck nachgebende Seitenwand ist oft ein Indiz für Feuchtigkeit, muffiger Geruch sollte Sie ebenso skeptisch machen. Heben Sie, falls vorhanden, auch die Teppiche an und schauen Sie, was sich darunter verbirgt.

Beachten Sie bei gebrauchten Wohnwagen - vor allem beim Kauf über das Internet - außerdem, dass die Erstzulassung des Wagens nicht auch das Baujahr sein muss. Viele der angebotenen Wagen haben jahrelang ohne Zulassung auf einem Campingplatz gestanden, bevor sie erstmals am Straßenverkehr teilnahmen. Das Baujahr ist bei vielen günstigen Fahrzeugen überhaupt nicht angegeben.

Gewicht, Länge und Breite

Beginnen wir mit Ihrem Zugfahrzeug. Wenn Sie ohnehin ein neues kaufen möchten und Geld keine große Rolle spielt, können Sie auch mit der Wahl des Wohnwagens beginnen. Wahrscheinlich werden Sie jedoch, wie die meisten künftigen Wohnwagenbesitzer, Ihren vorhandenen Pkw nutzen wollen. Dieser benötigt dann in jedem Fall eine Anhängerkupplung und zusätzliche Außenspiegel, wenn der Wohnwagen breiter ist als das Zugfahrzeug, was bei fast allen Pkw der Fall sein dürfte.

Ein Blick in die Papiere und die dort eingetragene Anhängelast gibt Ihnen schon einen ersten Anhaltspunkt, welche Modelle für Sie in Frage kommen und welche nicht. Da eigentlich alle Wohnwagen zu wenig Zuladung aufweisen, denken Sie auch gleich an eine eventuelle Auflastung, also eine Erhöhung des zulässigen Gesamtgewichts, die Sie beantragen können. Möchten Sie auch in die Berge, sollten Sie sich lieber nicht bis ans allerletzte Gewichtslimit begeben.

Praktisch ist es, wenn Sie auf dem Wagendach noch leichte Ausrüstungsgegenstände wie z.B. einen Surfmasten oder Angelruten befestigen können. Auch können Sie für leichtere Gegenstände noch Dachboxen auf dem Dach befestigen (wenn Sie zwischen den Fenstern, dem Heizungsabluftkamin und der Sat-Schüssel noch genügend Platz finden).

In Schweden gar kein Problem:
Campen auf einem großen Parkplatz

Wenn Sie zu der wachsenden Gruppe von Wohnwagenfahrern gehören, die alle zwei bis drei Tage ihren Stellplatz wechseln und für die vielleicht die schottischen Highlands oder Skandinavien die bevorzugten Reisegebiete sind, sollten Sie darauf achten, dass das Gespann nicht zu lang und damit unhandlich ist. Die kleinsten Wohnwagen haben mit Deichsel schon eine Länge von etwa 5 m, die größten sind bis zu 12 m lang!

In diesem Zusammenhang spielen natürlich auch die Breite und die Höhe des Wagens eine große Rolle. Die heute üblichen Wohnwagen haben Breiten von 2 m bis 2,50 m. Mit 2,50 m breiten Wagen darf man aber einige Straßen in Europa nicht benutzen und als handlich kann man sie auch nicht mehr bezeichnen. Bei einem 2 m breiten Caravan hingegen lassen sich innen nicht mehr viele Grundrisse realisieren. Die größte Auswahl haben Sie ohnehin bei den etwa 2,10 bis 2,30 m breiten Wagen.

Es gibt auch einige Wohnwagen, die ein Hubdach haben. So passen sie zum Beispiel, falls sie nicht zu lang sind, in eine Garage, und der Windwiderstand beim Fahren ist nicht so hoch. Bedenken Sie aber, falls Sie mit so einem Modell liebäugeln, dass die Türen hier ziemlich niedrig sind. Sie und Ihre Besucher werden sich vermutlich beim Ein- und Aussteigen häufiger den Kopf stoßen.

Über die Innenhöhe der normalen Wohnwagen müssen Sie als durchschnittlich großer Mensch dagegen keine Gedanken machen: Sie beträgt in der Regel etwa 1,95 m. Nur bei den ganz kleinen Wohnwagen müssen Sie den Kopf einziehen. Die Außenhöhe liegt bei ca. 2,50 m.

Egal wie groß, wie hoch oder wie lang: Während der Fahrt dürfen sich weder Personen noch Haustiere im Wohnwagen aufhalten!

Personenzahl

Das zulässige Gesamtgewicht und die praktischste Länge und Breite haben wir bereits festgelegt. Das nächste wichtige Kriterium für die Größe ist die Anzahl der Personen, die die nächsten Jahre mit Ihnen im Wohnwagen unterwegs sein wird. In diesem Zusammenhang spielt auch die gewünschte Art des Reisens eine Rolle. Fahren Sie „nur" zu Ihrem Campingplatz in die Lüneburger Heide, ins Sauerland oder nach Italien, um sich bei schönstem Wetter dort für die nächsten Wochen niederzulassen, ist es vielleicht akzeptabel, die Sitzgruppe für die Kinder zum Bett umzubauen, weil Sie sicher Ihre Campingmöbel im Vorzelt haben. Wenn Sie jedoch ohne Vorzelt reisen und auch mal mit Regentagen rechnen müssen, sollten Sie nicht nur sich selbst, sondern auch Ihrem Nachwuchs ein eigenes festes Bett gönnen. Dasselbe gilt, wenn Sie jeden oder jeden zweiten Tag Ihren Standort wechseln, um z.B. Frankreich zu umrunden, oder flexibel sein möchten, um Regenwetter ausweichen zu können.

Neben dem üblichen Etagenbett (achten Sie darauf, dass die Liegeflächen nicht zu klein sind, auch Ihre Kinder werden größer) gibt es seit einiger Zeit von einigen Herstellern (zur Zeit der Recherche von LMC und T.E.C. als Zubehör für jeden Wohnwagen, von Dethleffs und Hymer für einige Modelle)

auch Aufstelldächer, die während der Fahrt ähnlich einem Dachzelt zusammengeklappt werden. Sie sorgen dafür, dass Ihr Wunschwagen nicht zu lang
wird und trotzdem zwei feste Schlafplätze (wenn Sie nur zu zweit und mit
möglichst kleinem Wohnanhänger reisen möchten) oder Ihrem Nachwuchs
eigene Schlafmöglichkeiten bietet. Im Gegensatz zu einem Dachzelt erreicht
man das Bett über eine Leiter aus dem Inneren des Wagens. Der Aufpreis
beträgt bei LMC und T.E.C. knapp € 4.000. Sie müssen ein zusätzliches
Gewicht von 120 kg einplanen.

Dachbett auf einem Wohnwagen von T.E.C. (📷 T.E.C.)

Die Fa. Bürstner bietet auch ein Hubbett über der Sitzgruppe an. Es wird
zusammen mit den in diesem Fall ziemlich kleinen Hängeschränken auf Höhe
der Rückenlehnen der Sitzgruppe heruntergelassen. Wenn Sie keine zweite
Sitzgruppe haben oder bei schlechtem Wetter nicht draußen sitzen können,
müssen Sie allerdings immer gleichzeitig ins Bett gehen.

Natürlich können Sie Kinder ab einem gewissen Alter auch in einem separaten Zelt außerhalb des Wohnwagens schlafen lassen.

Grundriss

Begeben wir uns nun auf die Suche nach dem geeigneten Grundriss. Die gewählte Wagenbreite hat natürlich auch eine Auswirkung auf die Geräumigkeit im Wagen - bei 2,50 m, die allerdings meist in den gehobenen Kategorien zu finden sind, kommt bei keinem Grundriss ein Gefühl der Enge auf, bei 2 bis 2,30 m Außenbreite, die man für einen mobilen Urlaub sicher eher bevorzugt, muss man sich in der Mitte des Wagens schon sehr aneinander vorbeidrängeln, wenn sich z.B. Küche und Bad gegenüberliegen.

Folgende Varianten sind häufig anzutreffen:

Ganz kurze Wohnwagen haben gar kein festes Bett, sondern verlangen einen täglichen Umbau der Sitzgruppe - das sollten Sie sich tatsächlich nur im Notfall antun, weil dann auch immer alle gleichzeitig schlafen gehen müssen. Bei dieser Variante befindet sich die **umzubauende Sitzgruppe** im Bug oder Heck und die jeweils andere Seite teilen sich Küche und Bad.

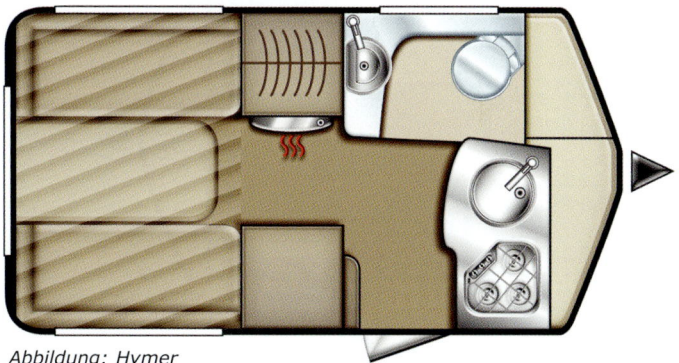

Abbildung: Hymer

Alternativ liegen sich Kleiderschrank, Bad und Küche in der Mitte des Wagens gegenüber und das Bug oder Heck wird für ein Etagenbett genutzt. Normalerweise lassen sich Etagenbetten mit einem Vorhang oder einer

Falttür abtrennen. So können die lieben Kleinen in Ruhe schlafen, während Sie selbst z.B. noch lesen.

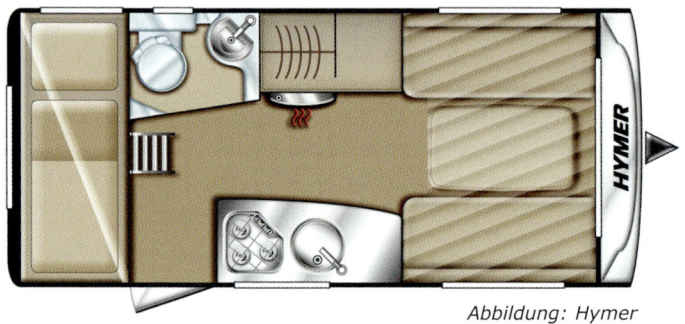

Abbildung: Hymer

Es gibt auch ganz kleine Wohnwagen ohne Sanitärzelle, die aber eine Übernachtung ohne die Sanitäranlagen eines Campingplatzes gar nicht mehr zulassen.

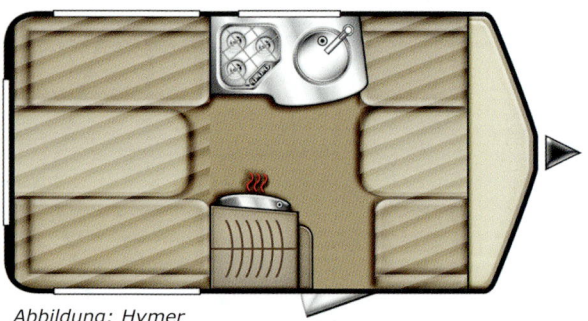

Abbildung: Hymer

Version Nummer 2: An Bug oder Heck des Wagens befindet sich ein **Querbett**, an der jeweils anderen Seite die Sitzgruppe. Kleiderschrank, Bad und Küche liegen sich in der Mitte gegenüber (☞ rechts).

Möglich ist auch die folgende Variante: In der Mitte liegen sich Sitzgruppe und Küche oder Schränke gegenüber und das Bad befindet sich auf der anderen Seite.

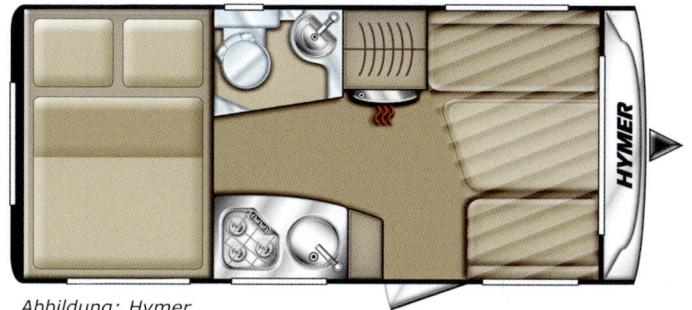

Abbildung: Hymer

Ein Querbett hat grundsätzlich den Nachteil, dass der hinten im Bett liegende Partner nachts über den anderen hinüberklettern muss, wenn er aufstehen möchte. Küche und Bad in der Mitte gegenüber lassen nur wenig Bewegungsspielraum im Mittelgang. Wenn der eine aus dem Bad kommen möchte, geht das oft nur, wenn der andere die Küche „räumt".

Den Nachteil, dass es in der Mitte des Wagens eng wird, haben Sie auch bei **Einzelbetten,** die sich im Bug oder Heck befinden, allerdings muss niemand über den anderen hinübersteigen, wenn er aufstehen möchte. Manchmal lassen sich Einzelbetten auch zu superbreiten **Doppelbetten** umbauen. Da kann Söhnchen oder Töchterlein im Urlaub auch bei Mama und Papa schlafen.

Unsere bevorzugte Version (für zwei Personen) ist das **Längsbett** im Heck mit danebenliegendem Bad. Die übliche Wohnwagenbreite von etwa 2,30 m lässt dabei ein Doppelbett von etwa 1,40 m Breite und ein noch akzeptables Bad zu. Bei dieser Version kann der hinten im Bett liegende Partner dasselbe allerdings nur über die Füße des anderen verlassen. Das Waschbecken liegt bei den meisten Modellen außerhalb des Badraumes gegenüber dem Fußende des Bettes. Den Innenraum des Bades teilen sich Kassettentoilette und Dusche - letztere oft nur als Option (d.h., Sie müssen Duschvorhang und Handbrause als Sonderausstattung extra kaufen). Da das Bad nun untergebracht ist und nicht mehr den Bewegungsspielraum im Küchenbereich einengt, lässt es sich hier wesentlich besser hantieren. Und zwei Personen können locker aneinander vorbeilaufen.

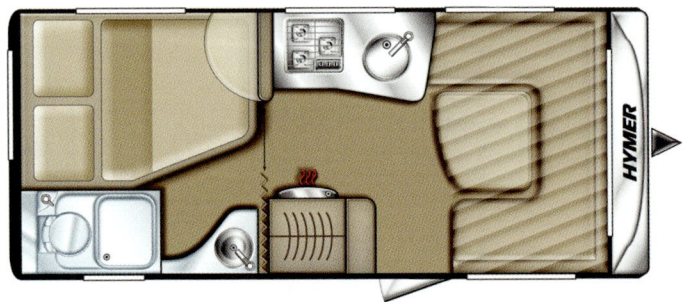

Grundriss mit Längsbett (unten eine Variante mit Etagenbett)

Abbildungen: Hymer

Nachdem viele Jahre die Grundrisse mehr oder weniger einfallslos waren und sich die Wagen eigentlich nur durch die Ausstattung und das Aussehen unterschieden, haben sich die Designer in den letzten Jahren wirklich einiges einfallen lassen, um im Innenraum möglichst viel Platz bei kurzen Wagen zu schaffen.

Die vorgestellten Varianten lassen sich bei einigen Herstellern noch mit einem Aufstelldach (☞ Personenzahl) kombinieren und durch Etagenbetten für Kinder ergeben sich viele zusätzliche Möglichkeiten. Es gibt z.B. auch Modelle mit richtigen „Kinderzimmern" mit eigener Sitzgruppe. Diese sind aber häufig so lang, dass sie für einen mobilen Urlaub eher nicht in Frage kommen, sondern nur für Camper geeignet sind, die für mehrere Wochen an einem Platz bleiben wollen. Dasselbe gilt für Caravans, bei denen an einem Ende des Wagens mittig ein Doppelbett platziert ist.

Eine ganz besondere Wohnwagenreihe möchten wir Ihnen ganz zum Schluss auch noch vorstellen: den Caretta! Es handelt sich hier um einen rundherum geschlossenen Anhänger, ähnlich einem Pkw-Anhänger, bei dem sich ein normales Bett im Innenraum befindet. Auf der einen Seite außen ist eine komplette kleine Campingküche eingebaut, auf der anderen Seite Stauraum vorhanden. Passende Vorzelte in Stehhöhe machen fast einen vollwertigen Wohnwagen aus dem kleinen Wagen (www.carettacaravans.de).

Klein und kompakt: der Caretta

Letztendlich entscheiden immer Sie: Ist Ihnen wichtig, im Küchenraum wirbeln zu können, weil Sie im Urlaub gern und ausgiebig kochen? Möchten Sie lieber Einzelbetten und gekocht wird bestenfalls das Frühstücksei und der Tee? Brauchen Sie innen viel Platz, weil Sie den Wagen z.B. auch beruflich und im Winter nutzen? Überlegen Sie gut und gründlich, was genau für Sie passt, und entscheiden Sie sich erst danach für einen Grundriss. Vielleicht leihen Sie sich für einige Tage einen Wagen mit dem Grundriss aus, den Sie sich ausgesucht haben, dann werden Sie schnell merken, ob Theorie und Praxis zusammenpassen.

Kleine Personen sollten auch schauen, ob sie in der Küche an den Inhalt der Oberschränke kommen - die verschiedenen Hersteller haben auch unterschiedlich hohe Wagen!

In jedem Fall sollten Sie sich vor einer Kaufentscheidung nicht nur bei einem Händler umsehen, sondern auch eine Messe für Wohnwagen und Wohnmobile besuchen. Die größte in Deutschland ist der Caravan-Salon in Düsseldorf, der jedes Jahr am ersten Wochenende im September stattfindet. Im Winter bietet sich die CMT in Stuttgart an. Sie findet immer im Januar statt, bietet nicht ganz so viele Exponate wie der Caravan-Salon, aber immer noch einen guten Überblick. Gehen Sie ruhig mit der kompletten späteren Wohnwagenbesatzung auf Suche. Auch wenn Sie „nur" einen gebrauchten Wagen suchen, schadet es nicht, dort zu schauen, was es alles gibt und was Ihnen am ehesten zusagt. Eine gute Vorbereitung auf den Besuch ist es, die Kataloge der diversen Hersteller zu studieren. Viele sind inzwischen auch online verfügbar, das schont die Umwelt.

Kosten

Anschaffung

Nicht ganz uninteressant sind natürlich auch die Anschaffungskosten. Die Bandbreite ist enorm: von etwa € 10.000 für kleinere Modelle mit kompletter Inneneinrichtung von Herstellern preiswerter Caravans bis zu knapp € 90.000 für den größten Wohnwagen von Kabe, einem schwedischen Hersteller von Ganzjahres-Luxuswohnwagen. Sie sehen also: Da geht alles! Für einen neuen Vier-Personen-Wagen mit normaler Ausstattung müssen Sie je nach Hersteller mit etwa € 15.000 bis € 20.000 rechnen, natürlich ohne Extras. Ausstellungswagen kann man auf Messen manches Mal besonders günstig erwerben. Schlagen Sie aber nicht blind zu, sondern vergleichen Sie im Internet, z.B. bei 🖥 www.mobile.de, zu welchen Preisen Ihr Wunschmodell dort angeboten wird. Oft haben Händler noch ein nagelneues Vorjahresmodell am Lager, das sie gern loswerden möchten.

Gebrauchte Modelle gibt es natürlich schon für niedrigere Summen, Angebote finden Sie z.B. in den Kleinanzeigen Ihrer Zeitung oder im Internet. Für kleinere, etwa drei bis vier Jahre alte Wohnwagen mit Schlafplatz für drei bis vier Personen sollten Sie aber auch mit mindestens € 8.000 aufwärts rechnen!

🖐 Vergessen Sie nicht, dass bei der Anschaffung des Zubehörs noch einige weitere Kosten auf Sie zukommen - für Vorzelt, Campingmöbel, Gasflaschen, technische Extras ... Allein für ein komplettes Vorzelt mit Gestänge sollten Sie z.B. schon mindestens € 500-700 einplanen.

Steuern und Versicherung

Die Steuern richten sich nach dem zulässigen Gesamtgewicht des Anhängers und betragen bei normal großen Anhängern nicht einmal € 100/Jahr. Entsprechend weniger wird es mit Saisonkennzeichen.

Für den Wohnwagen benötigen Sie eine Haftpflichtversicherung. Diese deckt die Schäden ab, die Sie Dritten zufügen, und ist schon unter € 25 zu bekommen. Eine Teilkasko deckt Ihre eigenen Schäden ab, genau wie beim Pkw, und kostet etwa € 100. Auch Vollkasko wird angeboten - manchmal kann man die Vollkasko-Versicherung auch nur für die Dauer des Urlaubs hinzubuchen. Wie auch für alle anderen Versicherungen sind Preis und Leistung je nach Gesellschaft sehr unterschiedlich. Informieren Sie sich in mehreren Versicherungs-Vergleichsportalen im Internet.

Versichert sind Gegenstände im Wohnwagen üblicherweise durch Ihre Hausratversicherung. Da die Bedingungen aber höchst unterschiedlich sind, sollten Sie sich Ihren Versicherungsschein genau anschauen oder nachfragen. Meist sind Sachen z.B. nachts nicht versichert. Auch für gestohlene Gegenstände im Pkw ist übrigens nicht die Auto-, sondern die Hausratversicherung zuständig. Fragen Sie bei Ihrer Versicherung nach, was bis zu welcher Höhe versichert ist und wie Sie sich im Schadensfall zu verhalten haben. Es gibt spezielle Caravan-Inhaltsversicherungen, die für gestohlene Gegenstände aufkommen. Sie greifen auch nachts und auch dann, wenn Sie unterwegs übernachten und nicht auf einem Campingplatz stehen. Rechnen Sie hier mit Kosten von etwa € 120. Aber auch hier gelten Höchstgrenzen, z.B. für den Fernseher.

Der Wohnwagen

Der Aufbau

Bei der Außenhaut des Wagens haben Sie meist die Wahl zwischen GFK (glasfaserverstärktem Kunststoff) und Aluminium. GFK ist widerstandsfähiger gegen Hagel und wird deshalb oft für das Dach verwendet (in Kombination mit Aluminiumseiten), es gibt aber auch Modelle komplett aus GFK. Bei Schäden lässt sich dieses Material leichter reparieren als Aluminium, es ist allerdings auch teurer.

Egal ob Aluminium oder GFK, die Wände sind aus „Sandwichplatten" geformt, die innen eine Isolierschicht haben. Zum Innenraum sind sie mit Möbeldekorplatten beschichtet. Die Fenster und Dachhauben bestehen aus doppeltem Acryl mit einer dazwischenliegenden isolierenden Luftschicht. Alle haben inzwischen Plissees oder Rollos und Fliegengitter, die Sie zum Schutz gegen Insekten oder zum Verdunkeln zuziehen können. Schön und sinnvoll sind sogenannte Panoramahauben in der Decke, die viel Licht (und in geöffnetem Zustand auch Luft) in den Wagen bringen. Einfachere Hauben mit Zwangsentlüftung befinden sich meist noch im Bad.

Einige Hersteller versehen die Fenster innen inzwischen mit Schiebe- statt „normalen" Gardinen. Das sieht zwar schick aus, wir finden es aber unpraktisch, da sie sich vor allem am Bett sehr leicht verkanten.

Es werden ein- oder zweiteilige (in Norddeutschland Klönschnacktür genannt) Türen angeboten. Als Fliegenschutz haben sich inzwischen Plissee-Schiebegardinen durchgesetzt, sie gibt es allerdings üblicherweise nur gegen Aufpreis. Passen Sie aber sehr gut auf: Unten in den Türen befindet sich bei neueren Wagen oft ein fest eingebauter Mülleimer und der drückt das Fliegengitter weg, wenn die Tür z.B. bei einem kräftigen Windstoß zufällt. Alternativ können Sie natürlich auch einen wesentlich günstigeren Fliegenvorhang aufhängen bzw. einbauen, dem kann auch die zuschlagende Tür mit eingebautem Mülleimer nichts anhaben.

Überhaupt ist dieser Mülleimer irgendwie ein Witz: Einen Beutel können Sie nicht hineintun, er rutscht mit der ersten Müllladung unten in den Eimer, weil man ihn wegen des fest angebrachten Deckels nicht über den Rand ziehen kann. Wenn die Tür offen ist, ist der Mülleimer weg - nämlich draußen!

Also muss man beim Kochen die Fliegengittertür öffnen, sich um die Ecke hinauslehnen, Müll entsorgen, die Fliegengittertür wieder schließen.

Wir haben den Eimer sofort demontiert, einen handelsüblichen Eimer mit Klappdeckel gekauft und mithilfe einer Schiene aus dem Baumarkt (siehe Foto) jederzeit wieder abnehmbar eingehängt. Nun lässt sich problemlos jeder Müllbeutel überhängen und wenn die Tür offen bleiben soll, kann man den Mülleimer abnehmen und in den Innenraum stellen.

Als Fußboden wird eine Sandwichplatte mit innenliegender Isolierung verwendet. Für Wintercamping geeignete Wagen haben manchmal sogar eine Fußbodenheizung.

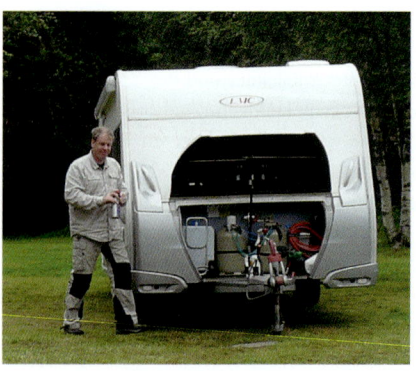

Vorn auf der Deichsel befindet sich bei jedem Wohnwagen der Gaskasten - früher ein separater Kunststoffbehälter, inzwischen ein komplett in den Aufbau integrierter Abstellraum, der neben den Gasflaschen auch noch viele zusätzliche Dinge wie Wasserschlauch, Stromkabel oder Abwasserkanister aufnehmen kann.

Die Möbel

Das Bett

Nun nehmen wir uns die Möbel vor. Achten Sie beim Bett - egal wo es sich befindet - auf eine ordentliche **Matratze**. Sie möchten doch bestimmt nicht jeden Urlaubstag mit Rückenschmerzen beginnen, die sich unweigerlich einstellen, wenn zu dünne Matratzen mit vielleicht schlechten **Lattenrosten** kombiniert sind. Die Breite des Bettes ergibt sich aus dem gewählten Grundriss, darüber haben Sie sich ja bereits ausgiebig Gedanken gemacht. Etwas mehr Komfort lässt sich mit einer **Matratzenauflage** erzielen. Für ein Querbett oder für Einzelbetten finden Sie passende Auflagen außer im Campinghandel auch im Bettenfachhandel oder im schwedischen Möbelhaus. Für Längsbetten, deren Fußteil meist etwas abgeschrägt ist, müssen Sie das Format entsprechend ändern (lassen). Diese Auflagen haben in der Regel einen abnehmbaren, waschbaren Bezug, was ebenfalls praktisch ist. Auch lassen sie sich besser beziehen als die Matratze selbst, weil Sie an Letztere in der Regel höchstens von zwei Seiten herankommen und die anderen Ecken umschlagen müssen, während Sie selbst auf der Matratze knien. Außerdem schonen Auflagen die Original-Matratze, dies erhöht den Wiederverkaufswert.

Praktisch ist es, wenn es am Kopfende eine **Abstellmöglichkeit** gibt, um das Buch nach der abendlichen Lektüre weglegen zu können oder für die Nacht ein Glas Wasser oder Taschentücher in der Nähe zu haben. Der Lattenrost sollte sich (möglichst mit Gasdruckfeder) anheben lassen, damit Sie bequem an den Stauraum unter dem Bett gelangen.

Ob Sie tatsächlich eine **Tagesdecke** benötigen, sollten Sie sich gut überlegen - wir bevorzugen Bettwäsche, die farblich auf die Polster abgestimmt ist und verzichten auf eine separate Tagesdecke, die Sie nachts ja auch irgendwo unterbringen müssen. Ohnehin lässt sich das Bett üblicherweise mit einem Vorhang oder einer Faltgardine abtrennen.

Ob Sie sich nachts in einen Schlafsack einrollen oder eine ganz normale Bettdecke nehmen möchten, ist allein von Ihren persönlichen Vorlieben abhängig.

Die Sitzgruppe

Hier gibt es je nach Grundriss wieder verschiedene Möglichkeiten. Egal welche Sie wählen: Achten Sie darauf, dass kein zu weicher Schaumstoff verarbeitet wurde, sonst sind die Polster bereits nach wenigen Wochen durchgesessen.

Erste Möglichkeit: Die Sitzbänke stehen sich gegenüber, der Tisch ist mittig dazwischen platziert und mit der Schmalseite an der Wand befestigt. Prima für die Fahrt, Sie brauchen den Tisch nicht extra zu sichern. Größer und bequemer, vor allem auch zum abendlichen Lümmeln, ist die zweite Möglichkeit: eine U-förmige Sitzgruppe. Bei dieser Variante müssen Sie aber vor jeder Fahrt den Tisch absenken und befestigen, sonst würde er Ihnen - jedenfalls nach starkem Bremsen - durch den Wagen fliegen. Praktisch sind auf jeden Fall kleine Leselampen in den Ecken.

Supergemütlich, aber der Tisch muss für die Fahrt gesichert werden!

Dethleffs

Auch die größten Tischdeckenfans sollten im Wohnwagen auf Sets oder Tischläufer ausweichen - zu schnell ist bei der unvermeidlichen Enge die Decke samt Geschirr beim Vorbeilaufen oder „Durchrutschen" auf dem Sitz heruntergezogen. Eine zusätzliche Anti-Rutsch-Matte darunter hält alles an seinem Platz.

Das Bad

Die Größe des Bades hängt vor allem davon ab, wo im Wagen es positioniert ist. Am geräumigsten sind die Bäder, die sich quer im Heck befinden und mit einer separaten Duschkabine aufwarten. Bei Caravans mit einem mittig in einem Ende des Wagens platziertem Doppelbett finden Sie auch Varianten, bei denen sich Waschbecken und Toilette auf der einen und die Duschkabine gegenüber auf der anderen Wagenseite vor dem Bett befinden.

Ebenfalls eine geräumige Lösung ist ein Bad neben dem Längsbett im Bug oder Heck. Hier ist die „Duschkabine" meist der Platz vor der Toilette, der mit Vorhang oder Falttüren gesichert wird. Unvermeidlich ist nach dem Duschen das Trockenwischen des Bodens, damit Sie die Toilette benutzen können. Das Waschbecken befindet sich außerhalb des Bades gegenüber dem Fußende des Bettes. Auf den abgebildeten Grundrissen (☞ oben) können Sie das gut erkennen.

Links: Typisches Bad neben dem Längsbett: außen das Waschbecken, hinter der Tür die Toilette mit Duschtasse davor.
Rechts: Behelfslösung: Klappwaschbecken über der Toilette

Am engsten geht es in den Bädern zu, die sich mittig gegenüber der Kochzeile finden. Hier müssen Sie oft das Toilettenbecken drehen, um an das Waschbecken zu gelangen, und korpulentere Menschen werden beim Duschen Probleme bekommen.

Prüfen Sie in jedem Fall, ob Sie genügend Schränke und/oder Abstellflächen haben und alle gut gesichert sind - sonst finden Sie Ihre Flasche Duschgel nach der Fahrt womöglich noch mit aufgesprungenem Deckel und ausgelaufen auf dem Boden wieder.

Standard sind mittlerweile **Kassettentoiletten**, bei denen man den Fäkalientank von außen aus dem Wohnwagen herausziehen und ausleeren kann. Alternativ oder zusätzlich können Sie auch einen sogenannten SOG einbauen (lassen). Dieser verhindert Gerüche durch Unterdruck im Fäkalientank, braucht aber einen 12-Volt-Stromanschluss - also eine Bordbatterie (☞ Die Technik/Die Toilette).

Wasserver- und -entsorgung

Grundsätzlich kann man das Bad unterwegs nur mit einem fest eingebauten Wassertank sinnvoll nutzen. Den bieten inzwischen alle Hersteller zumindest als Option an. Befüllt wird er über eine außen am Wagen angebrachte Versorgungsklappe (☞ Die Technik/Wasserversorgung).

Küche

Übliche Küchenzeile

Kühlschrank, 2- bis 3-Flammen-Gaskochfeld und Spüle sind absolutes Minimum und inzwischen in allen Wagen Standard. Wenn Sie gern kochen, achten Sie darauf, dass ein 3-Flammen-Gaskocher vorhanden ist. Einige Modelle haben bereits eine elektrische Zündung und müssen nicht mehr mit Streichholz oder Feuerzeug angezündet werden.

Der Kühlschrank ist bei kleineren Wagen immer unten in der Küchenzeile untergebracht. Praktischer ist jedoch ein hoch in einem separaten Schrank eingebauter, weil er wesentlich besser ein- und auszuräumen ist. Auch können dort größere Modelle

Küchenblock mit hoch eingebautem Kühlschrank und separatem Gefrierfach

als unter der Spüle/dem Herd eingebaut werden. Bei einigen neuen Kühlschränken kann man das Gefrierfach herausnehmen, was den zur Verfügung stehenden Raum noch einmal vergrößert, wenn man nichts einfrieren möchte. Sinnvoll ist dann aber ein zusätzlicher Einlegeboden. Bei dieser Lösung bleibt der Platz unter Kochfeld und Spüle dann für Schränke frei, sie braucht allerdings auch etwas mehr Platz im Wagen. Die meisten Kühlschränke lassen sich mit 12 Volt, 220 Volt und Gas betreiben (☞ Die Technik/Der Kühlschrank).

Erstmals beim Caravan-Salon 2012 haben wir einen Kühlschrank im Auszug unten im Küchenblock entdeckt.

Hin- und wieder finden Sie inzwischen auch Dunstabzugshauben. Diese sollten Sie aber für längere Zeit besser nur bei vorhandenem Stromanschluss laufen lassen. Eventuell vorhandene Bordbatterien sind beim Betrieb einer Abzugshaube schnell leer. Gut belüftet ist der Wagen bei einer geöffneten Dachhaube und offenem Fenster hinter dem Kochfeld. Wenn Sie wirklich einmal wegen allzu üblen Wetters auch stark riechende Speisen im Wohnwagen zubereiten müssen, ziehen Sie den Vorhang/die Plisseegardine vor dem Bett zu, so können sich dort keine Kochdünste festsetzen.

🖐   Egal ob Dunstabzug oder nicht: Beim Betrieb des Gaskochers muss ein Fenster und/oder eine Dachluke zur Belüftung geöffnet sein!

Auch gasbetriebene Backöfen finden Sie in einigen Wagen.

Außer bei den ganz preisgünstigen Modellen sind die Küchenunter-schränke inzwischen alle mit Auszügen versehen, die sich natürlich bei der unvermeidlichen Enge wesentlich besser einräumen lassen als Einlegeborde hinter Türen.

Hier geht's eng zu:
Unterschrank ohne Auszug

Hier findet man alles wieder -
eine vorbildliche Lösung!

Fast immer knapp ist der Platz zum Arbeiten auf der Küchenarbeitsplatte - in der Regel ist nur ein schmaler Streifen vor Kocher und Spüle vorhanden. Wenn „Ihr" Grundriss es zulässt, befestigen Sie noch eine kleine Klappe an der Seite des Schrankes, die Sie als zusätzliche Arbeitsplatte hochstellen können, oder stellen Sie ein Tablett auf das Bett, sofern sich dies direkt neben der Küche befindet. Auch eine geöffnete Schublade mit einer aufgelegten Platte oder einem aufgelegten Tablett taugt als zusätzlicher Abstellplatz, z.B. für das schmutzige Geschirr beim Abwaschen.

Hier hat jemand mitgedacht: ausziehbare Arbeitsplatte in der Küche

Ärgerlich ist, dass kaum ein Hersteller, obwohl die Küchen z.B. Gourmet-Center heißen, ordentliche Gewürzregale einbaut. Dabei gibt es eigentlich immer ungenutzten Platz, beispielsweise neben dem Fenster. Manchmal findet man ein kleines Chromkörbchen, das aber eher ein Witz ist. Wünschenswert wäre hier ein Regal, in das man unten auch kleine Öl- und Essigflaschen hineinstellen kann und oben die Gewürze. Vorn bräuchte es eine stabile Reling, damit nichts herausfallen kann. Ein geschickter Heimwerker kann so etwas auch selbst bauen. Aber achten Sie auf gute Verarbeitung, der Wohnwagen ist während der Fahrt ziemlichen Erschütterungen ausgesetzt und die Gefahr, dass etwas „heraushüpft" und seinen Inhalt im Wohnwagen ausleert, ist groß.

Schon mal ein Anfang - während der Fahrt vermutlich aber höchstens für gut verschlossene Kunststoffdosen geeignet.

Schränke/Staumöglichkeiten

Ein etwa 60 cm breiter und tiefer Kleiderschrank befindet sich eigentlich in fast jedem Wagen. Viel ist das aber für manchmal vier Personen nicht. Unten im Kleiderschrank befindet sich in der Regel die Heizung.

Zusätzlich gibt es Oberschränke und offene Fächer. Wenn Sie mobil urlauben, helfen Ihnen die offenen Fächer wenig - während der Fahrt wird sich ihr Inhalt mehr oder weniger schnell im Wagen verteilen. Achten Sie also besser auf Schränke mit Türen oder Klappen. Die Scharniere, Schlösser und Feststeller sollten aus Metall sein, Kunststoffteile verbiegen und brechen schnell. Achten Sie auch darauf, dass alle Schränke hinterlüftet sind (Lüftungsschlitze in den Schrankböden an der Außenwand), das verhindert die Entstehung von Schimmel.

Weiterhin finden Sie unter allen Sitzbänken und dem Bett Staukästen (einer enthält, falls vorhanden, den Wassertank und/oder eine Batterie). Praktisch ist es, wenn ein Stauraum, bevorzugt der unter dem (Doppel)Bett auch von außen zugänglich ist. So müssen Sie die Campingmöbel nicht im engen Wagen herauslavieren, sondern können sie bequem von außen ausladen.

Selten ab Werk vorhanden, aber ungeheuer praktisch, um die Zeitung, den Einkaufszettel, die Lesebrille unterzubringen, sind Utensilos. Im Fachhandel gibt es sie in diversen Ausführungen zu kaufen. Schöner ist es natürlich, wenn Sie sie aus einem zur Polsterfarbe passenden Stoff selbst nähen.

Farblich passendes Utensilo

Die Stoffe Ihrer Polster gibt es auch als „Ersatzteil" zu kaufen, das ist natürlich absolut perfekt. Wir haben Utensilos genäht und diese dann je auf eine dünne Hartfaserplatte geklebt, die wir vorher an allen vier Ecken vorgebohrt hatten. Diese Platten haben wir dann in Tischnähe an eine freie Wand geschraubt.

Teppich

Jeder Hersteller bietet - meist gegen Aufpreis - auf Maß geschnittene und umkettelte Teppiche an. So schön und gemütlich wie sie auch aussehen, praktisch sind sie nicht gerade. Einen Staubsauger für 220 Volt werden Sie wegen der Größe kaum mit in den Urlaub nehmen wollen. Gute 12-Volt-Autostaubsauger können auch einiges leisten, haben aber selten breite Bodendüsen und vor allem keine Stange zwischen Gerät und Düse, sodass Sie beim Saugen auf dem Boden herumkriechen müssen. Teppichkehrer sind zu groß und die vielen Winkel und Ecken im Wagen damit nicht zu erreichen. Kleine rutschfeste Einzelteppiche für die Sitzgruppe und vor dem Bett, die Sie schnell mal draußen ausklopfen können, sind hier praktischer. Die Böden sind alle kunststoffbeschichtet und leicht zu fegen oder feucht zu reinigen.

Fürs Bad haben wir uns eine Rolle Schaumteppich gekauft, wie man ihn auch für die Wohnung bekommen kann, und dann alles passend für die Duschwanne zurechtgeschnitten. Nun brauchen wir nicht mehr mit nackten Füßen auf kaltem Kunststoff zu stehen.

Fernseher

Nicht unbedingt ein Möbel und vielleicht auch nicht unbedingt notwendig - aber trotzdem: Viele Camper möchten einen Fernseher an Bord haben. Welches Modell es sein soll und wie groß das Gerät sein darf, hängt davon ab, wie viel Platz Sie haben und wie viel Sie ausgeben wollen. Wenn Sie noch einen freien Unterschrank haben, können Sie den Fernseher dort aufstellen. Eine praktische Alternative sind spezielle TV-Halter, mit denen Sie den Fernseher an der Wand oder am Kleiderschrank anbringen und teilweise sogar drehen können und die das Gerät auch während der Fahrt sicher halten.

Wenn Sie nicht nur in Deutschland in der Nähe größerer Städte unterwegs sind und somit DVBT-Empfang haben, benötigen Sie auch eine Satellitenschüssel. Ganz einfache stellen Sie mit freier Sicht zum Satelliten einfach auf Ihren Platz, z.B. montiert an einen kleinen Mast, und schließen das Antennenkabel an den Receiver an. Wesentlich bequemer sind spezielle Sat-Schüsseln für Wohnwagen und Wohnmobile. Mit ein wenig Geschick können Sie sie selbst installieren.

Weitere Hinweise zu technischen Voraussetzungen und zur Installation der Satellitenanlage: ☞ Die Technik/Fernseher und Satellitenanlage.

Zubehör

Sinnvolles Zubehör für außen

Deichselschloss

Ihr Wohnwagen lässt sich ohne Deichselschloss von jedem Wagen mit Anhängerkupplung wegziehen, wenn er nicht an Ihrem Fahrzeug hängt. Sichern Sie ihn mit einem passenden Schloss an der Deichsel. Je nach Kupplung gibt es verschiedene Möglichkeiten, Ihr Händler berät Sie sicher gern.

Deichselhaube

Diese Kunststoffhülle wird über das Deichselende mit Stützrad und Anhängerkupplung gezogen und schützt dieses im Stand vor Feuchtigkeit und Schmutz. Bei Neuwagen wird Ihr Händler Ihnen dieses Teil in der Regel als Werbegeschenk mitgeben.

Auffahrkeile und Anfahrhilfen

Wenn der Stellplatz nicht eben ist oder ein Rad in einem Loch steht, kann man das Ganze mittels eines Auffahrkeils ausgleichen. Je weiter Sie auf den Keil fahren, desto höher wird das Rad angehoben. Sollte der Platz sehr schlammig oder sandig sein und die Räder des Zugfahrzeugs beim Anfahren durchdrehen, kann man sich schmale, geriffelte Kunststoffplatten unter die Antriebsräder legen. Diese verhindern - wenn es nicht ganz arg ist - ein Durchdrehen der Räder beim Anfahren. Wenn Sie wenig Platz zum Rangieren haben oder der Höhenunterschied sehr hoch ist, können Sie auch einen Air-Lift benutzen.

Der Air-Lift von Emuk

Dies ist ein aus einem stabilem Schlauch gefertigtes Kissen, das mit einer Luftpumpe oder einem Kompressor aufgeblasen wird. Damit können Sie Höhenunterschiede von bis zu 20 cm ausgleichen.

Markise

Bei Markisen haben Sie die Wahl zwischen einem Modell in Stofftasche, das sich in die vorhandene Kederschiene einziehen lässt, oder einem fest angebauten Modell. Das Kederschienen-Modell muss von Hand ausgerollt und aufgestellt werden. Die fest angebauten werden mithilfe einer Kurbel ausgerollt, genau wie die Markise auf Ihrer Terrasse. Beide Varianten bleiben während der Fahrt am Wagen und lassen sich mit zusätzlich montierten Seiten- und Frontteilen zu einem Vorzelt erweitern. Das spart gegenüber einem „richtigen" Vorzelt Gewicht und Platz. An der Seite oder vorn lässt sich außerdem ein Regen- und Sonnenschutz montieren. Sollte es einmal regnen, kann man zusätzlich noch Spannstangen einbauen, die ein Bilden von Wassersäcken verhindern.

Vorzelt

Als Alternative zur Markise können Sie auch ein Vorzelt mitnehmen, hier finden Ihre Campingmöbel ihr Zuhause. Kühleren Abenden und Regenschauern können Sie so gelassener entgegensehen und zusätzlich haben Sie ein feines Esszimmer! Vorzelte gibt es in einer unendlichen Anzahl von Varianten, achten Sie darauf, dass es sich um ein Modell für einen mobilen Urlaub handelt. Es gibt Zelte, die für einen Ganzjahreseinsatz auf dem Dauercampingplatz konstruiert und für einen mobilen Urlaub viel zu schwer und unhandlich sind, selbst wenn Sie zwei Wochen auf einem Platz bleiben werden. Speziell für den Winterurlaub gibt es auch isolierte Wintervorzelte. Inzwischen werden von einigen Herstellern sogar selbstreinigende Stoffe verwendet.

Achten Sie beim Kauf auf die richtige Größe. Sie ergibt sich aus der kompletten Länge der Kederschiene an Ihrem Wagen, messen Sie sorgfältig nach. In den letzten Jahren sind außerdem ganz leichte (Teil-)Vorzelte entwickelt worden, die sich ihre Konstruktion bei den Trekkingzelten abgeschaut haben - Alu- oder Fieberglasgestänge und superleichter Zeltstoff. Am Wagen befestigt werden auch sie, genau wie die „richtigen" Vorzelte durch Einzug einer Keder in die stets am Wohnwagen vorhandene Schiene. Sie sind schnell aufgebaut, günstig in der Anschaffung, wiegen nicht viel und sind damit eigentlich perfekte Partner für einen mobilen Wohnwagenurlaub.

Ein kleines Vorzelt wie dieses ist ruckzuck aufgebaut.

Vor allem für kleine Personen ist vielleicht die Vorzelt-Einziehvorrichtung **Ziehmax** (etwa € 15) empfehlenswert. Mithilfe mit einer Stange ziehen Sie so leicht die Keder in die Schiene. Dasselbe erledigt fast ohne Ihre Hilfe das **easyTent ET101** mittels eines kleines 12-Volt-Motors, den Sie samt angeklemmter Keder in die Schiene einführen und per Fernbedienung bewegen. Das Erscheinen ist für die Reisesaison 2013 geplant, kosten wird das Teilchen ca. € 450 (💻 www.eal-vertrieb.com).

Egal für welchen Typ Vorzelt Sie sich entscheiden: Für Urlaub in Gebieten mit einer zu erwartenden Insektenplage (z.B. Schottland, Skandinavien, Masurische Seen) sollten Moskitonetze eingebaut sein.

Sinnvolles Zubehör ist außerdem eine Vorzeltlampe. Die Lampe außen an der Wohnwagentür reicht normalerweise nicht aus.

🖐 Niemals dürfen Sie in einem geschlossenen Vorzelt einen Gas- oder Holzkohlegrill betreiben, die Abgase können tödlich sein! Der Grill gehört immer vor die Tür oder die Tür muss weit offen sein!

☺   Egal ob Markise oder Vorzelt: Für windige Gegenden sollten Sie ein zusätzliches Sturmband samt stabilen Heringen mitnehmen.

Vorzeltteppich

Je nach Urlaubsziel bietet sich ein in der Größe zum Vorzelt passender, speziell für diesen Zweck bestimmter Teppich an. Wenn der Boden etwas feucht ist, bewahren Sie Ihre Stuhl- und Tischbeine davor im Matsch zu versinken, oder halten bei sandigen Böden den Sand aus dem Wagen.

Fußmatte

Mit einer ordentlichen Fußmatte vor der Tür können Sie viel Schmutz und Sand im Wohnwagen verhindern.

Windschutz

Statt eines Vorzeltes können Sie natürlich auch nur einen Windschutz aufbauen, speziell in Kombination mit einer Markise ebenfalls eine gute Lösung. Achten Sie aber in jedem Fall auf gute Qualität, wenn Sie mit stärkerem Wind,

Ein Windschutz ist eine gute Ergänzung zur Markise.

wie er z.B. am Meer eigentlich immer vorherrscht, rechnen müssen. Die Stangen sollten nicht nur auf dem Boden stehen, sondern bei weichen Böden hineingesteckt werden können (bei felsigem Boden funktioniert das natürlich nicht). Für Sand benötigen Sie zusätzlich Platten, die das komplette Einsinken verhindern. Ohne durchhängende Stoffbahnen „steht" ein Windschutz, wenn er oben Schlaufen hat, durch die man auch Querstangen ziehen kann. Das Ganze muss dann noch ordentlich mit Leinen abgespannt werden. Super als Hering geeignet sind die Peggy-Peg-Heringe (☞ Heringe/Peggy Pegs, nächste Seite). Die nehmen es mit jedem Boden (außer wieder Fels natürlich) auf und halten bombenfest.

Anzeige

☺   Egal ob Vorzelt, Markise mit Seitenteilen oder Markise und Windschutz: Tun Sie sich den Gefallen und bauen Sie es einmal zu Hause zur Probe auf. Sicher ahnen Sie, wie interessant es für Ihre campenden Nachbarn auf dem Platz ist, zuzusehen, wie Sie mit Ihrem neuen Equipment kämpfen! Außerdem wissen Sie so genau, ob alles komplett ist.

Wagenschürze

Für Dauercamper oder diejenigen, die im Urlaub an einem Platz bleiben, ist die Wagenschürze noch ein interessantes Ausrüstungsteil: Es handelt sich um eine Bahn aus witterungsbeständigem Material, die mittels Keder in die Schiene unten am Wagen eingezogen wird und die Zugluft, die unter dem Fahrzeug hereinwehen könnte, aussperrt. Beim Kauf müssen Sie die Wagenlänge beachten.

Heringe/Peggy Pegs

Zur Befestigung von Vorzelt oder Markise benutzt man gewöhnlich Zelt-heringe. Meistens sind dies gebogene Aluminium- oder Eisenstäbe, die mit einem Hammer in den Boden getrieben werden. Es gibt sie in vielen verschiedenen Versionen und Längen.

Eine besonders praktische Variante sind Schraubheringe aus Kunststoff, Peggy Pegs. Es gibt sie in unterschiedlichen Größen und mit diversem Zubehör, z.B. mit Befestigungsplatte für Markisenfüße oder als Sturmankerset für Vorzelte. Die Heringe werden mittels Akku-Schrauber in den Boden geschraubt und können auch problemlos wieder herausgeschraubt werden. Weitere Infos unter 🖳 www.peggypeg.de

Campingmöbel

Ganz sicher werden Sie im Urlaub auch mal draußen sitzen wollen. Die auf allen amerikanischen und vielen nordeuropäischen Campingplätzen vorhan-

Bequem und handlich: die Campingstühle von Westfield

denen Tisch-Bank-Kombinationen finden Sie in Deutschland und im südlichen Europa nur sehr selten, darum müssen Sie sich Ihre Campingmöbel selbst mitbringen. Ein Stuhl pro Person und ein Tisch, der groß genug ist, dass die komplette Familie daran sitzen kann, sind notwendig.

Kriterien für die Auswahl sind die folgenden: Passen die Möbel in den Staukasten und ist die Außenklappe groß genug, dass man sie einladen kann? Wenn man nur für einige Wochen zu einem Platz fährt und unterwegs nicht übernachten möchte, kann es unter Umständen auch akzeptabel sein, sie während der Fahrt im Innenraum des Wohnwagens zu verstauen. Was wiegen sie? Und natürlich: Sind sie bequem?

Campingsessel, die eine nach hinten abfallende Sitzfläche haben, sind zum Lesen und Lümmeln schön, aber beim Essen am Tisch sitzen Sie zusammengeklappt wie ein Taschenmesser. Wenn Sie auch bequem essen möchten, achten Sie also darauf, dass die Sitzfläche waagerecht ist. Zum Lümmeln wieder praktisch sind dann eine verstellbare Rückenlehne und ein einhängbares Fußteil, um die Füße hochzulegen.

Schauen Sie auch auf die Falttechnik: Gleich große Stühle mit gleich hohen Lehnen können zusammengeklappt verblüffend unterschiedliche Größen haben. Vorbildlich sind hier die Modelle von Westfield.

Als etwas spartanischere Lösung können Sie auch sogenannte „**Regiestühle**" aussuchen, die aber keine verstellbaren Rücklehnen haben und somit ausfallen, wenn ein Nickerchen nach dem Essen oder eine gemütliche Lesestunde anstehen. **Sitzhocker** sollten Sie bestenfalls für Gäste einpacken.

Seit längerer Zeit gibt es auch **Faltsessel**, die ähnlich einem Schirm zusammengeklappt werden und nur wenig Platz beanspruchen. Für ganz kleine Camper werden klappbare und höhenverstellbare **Kinderstühlchen** angeboten.

Wenn Sie nicht nur zu zweit unterwegs sind, achten Sie beim **Tisch** darauf, dass an allen vier Seiten jemand sitzen kann. Manchmal haben die Beine an den Schmalseiten des Tisches Querstreben oder die Beine verlaufen dort über Kreuz, dann kann man die Füße nicht

In diesem Netz lassen sich Aufschnitt und Butter während des Essens leicht verstauen.

mehr unter den Tisch stellen. Superpraktisch für ein Frühstück bei Sonnenschein sind Netze, die unter der Tischplatte eingehängt sind und hitzeempfindlichen Lebensmitteln wie Aufschnitt oder Butter einen sonnengeschützten

Bis auf das fehlende Netz ist dies der perfekte Tisch: alle vier Seiten zum Sitzen frei, einzeln und stufenlos verstellbare Füße und kleine Schühchen gegen das Einsinken.

Abstellplatz bieten. Die Beine des Tisches sollten einzeln stufenlos verstellbar sein. So haben Sie überall eine waagerechte Tischplatte. Wenn dann die Füße unten noch einen kleinen „Schuh" haben, können sie nicht im Sand versinken.

Sonst gilt das bei den Sitzgelegenheiten Gesagte: Achten Sie auf die Größe des Stauraums und der Stauklappe! Wählen Sie gegebenenfalls ein Modell, bei dem Sie nicht nur die Beine einklappen können, sondern bei dem auch die Tischplatte faltbar ist. Leider sind letztere nicht so stabil wie die, bei denen man nur die Beine einklappt.

Wenn der Platz ganz knapp ist oder zusätzlich zur normalen Campingausstattung können Sie auch eine Kombination aus einem Tisch und zwei Bänken einpacken. Das Packmaß beträgt je nach Größe etwa 90 x 40 x 10 cm.

Im Zubehörhandel bekommen Sie **Faltschränke** für Ihr Vorzelt. Diese sind aus witterungsbeständigem Stoff und haben oft Einsätze aus Moskitonetz gegen Insekten. Sie wiegen je nach Größe etwa 5 bis 12 kg. Praktisch vielleicht als zusätzlicher Aufbewahrungsplatz für Lebensmittel, wenn Ihre Küche im Wohnwagen eher übersichtlich ist.

Es gibt noch weitere mehr oder weniger sinnvolle Einrichtungsteile - stöbern Sie in den Katalogen der einschlägigen Campingversandhäuser, haben Sie aber immer das Gewicht und den Aufwand beim Aufbau im Auge!

Vorzeltheizung

Vom großen Gasofen bis zum kleinen Heizlüfter gibt es auch hier viele
Varianten. Sinn macht so eine Heizung aber nur, wenn Sie ein komplett
geschlossenes Vorzelt haben. Unser Tipp: Ziehen Sie lieber eine warme Jacke
an und benutzen Sie eine Decke, wenn es abends draußen kühler wird.

Wäscheleine

Auch wenn Sie nicht waschen wollen: Badesachen und nasses Regenzeug
müssen trotzdem getrocknet werden und im Wagen fehlt dazu der Platz. Es
bieten sich im Wesentlichen zwei Alternativen an:

Möglichkeit eins: Es gibt Halter, die in die Rangiergriffe des Wagens
gesteckt werden und durch die dann eine Wäscheleine gezogen wird. Die
Lösung ist klein und handlich, hat aber den Nachteil, dass die Sachen an der
vielleicht nicht ganz sauberen Seitenwand des Wagens schmutzig werden
können (die Seitenwand also vorher säubern) und dass man die Vorrichtung,
weil man sonst nicht aus der Tür kommt, nur an der Seite des Wohnwagens
anbringen kann, an der weder Markise noch Vorzelt vor Regen schützen.

Möglichkeit zwei: Es gibt fürs Campen kleine Wäschespinnen, die entweder einen eigenen Fuß haben, der mit
Heringen im Boden befestigt wird,
oder die an der Deichsel befestigt
werden. Praktisch, aber natürlich
etwas größer, unhandlicher und teurer, und nass werden die aufgehäng-
ten Sachen bei Regen dort auch.

*Für Kleinigkeiten völlig
ausreichend: kleine Wäsche-
spinne zum Aufhängen*

Als „kleine Lösung" gibt es
Wäschetrockner, die sich in ein Fenster einhängen lassen, hier hält das
aufgeklappte Fenster auch mal einen
Schauer ab. Natürlich können Sie sie
auch unter der Markise/im Vorzelt
verwenden. Auch nett: kleine klappbare Wäschespinnen mit Haken zum
Aufhängen, z.B. von Ikea oder aus
dem Campingzubehörhandel.

Das Spannen von Wäscheleinen zwischen Bäumen und Wagen oder Wohnwagen und Auto ist nicht auf allen Plätzen gern gesehen.

Einstiegsstufe

Sie brauchen einen kleinen Tritt, um bequem in den Wagen gehen zu können. Es gibt Modelle aus Kunststoff, die aber ziemlich viel Platz im Staukasten brauchen, falls Sie sie beim Fahren nicht in den Innenraum stellen möchten. Bei einigen Modellen aus Metall kann man die Füße einklappen, so bleibt nur noch ein flacher Rost, der nicht viel Platz beansprucht.

Platten für die Stützen

Sinnvoll ist es, für jede Stütze ein kleines Brett dabeizuhaben. Unter die Stütze gelegt verhindert es, dass diese in Sand oder Schlamm versinkt. Aus relativ witterungsbeständiger Siebdruckplatte geschnitten (etwa 20 cm x 25 cm und 2 cm dick) halten sie ein Camperleben lang. Sie können sie sich im Bau-

markt zurechtschneiden lassen. Vielleicht finden Sie mit etwas Glück auch in der Restekiste beim Holzzuschnitt eine passende Platte. Im Zubehörhandel werden auch Modelle aus Kunststoff angeboten.

Praktisch: anschraubbare Stützplatten

Der Nachteil bei diesen Platten ist, dass Sie immer halb unter den Wohnwagen kriechen müssen, um sie unter die Stützen zu legen. Im Zubehörhandel gibt es auch Stützplatten, die an die Stütze geschraubt werden. Ein Set mit vier Stützplatten und Montagezubehör sowie zwei Keilen, die ein Wegrollen des abgekuppelten Wohnwagens verhindern, kostet ca. € 45.

Alternativ bietet die Firma AL-KO die sogenannten „big foot" an. Diese Kunststoffplatten bleiben während der Fahrt an der Stütze und klappen sich beim Ausfahren an. Ein Satz kostet allerdings fast € 100.

Wasserschlauch und Gardena-System

Für einen fest eingebauten Tank ist ein eigener Wasserschlauch sinnvoll. Denen, die auf den Plätzen manchmal vorhanden sind, würden wir nicht über den Weg trauen. Wissen Sie, ob nicht vielleicht ein Dummkopf vor Ihnen damit seinen Abwassertank oder, noch schlimmer, seine Toilettenkassette ausgespült hat?

Leicht und klein zu verstauen sind Flachschlauchkassetten. Sie müssen bei der Benutzung aber komplett abgerollt werden. Zusätzlich sollten Sie Gardena-Hahnstücke in verschiedenen Größen dabeihaben, um für alle Schraubanschlüsse gewappnet zu sein. Schlauchstücke sind an den Flachkassetten bereits angebaut. Nur wenn Sie sich einen Schlauch „ohne alles" kaufen, benötigen Sie diese zusätzlich. Aber Vorsicht: Kaufen Sie keinen mit Wasserstopp, hier fließt nur Wasser, wenn Sie noch eine Spritze davorbauen.

Faltkanister oder Gießkanne

Sollte kein Wasseranschluss in Reichweite sein, verhilft Ihnen eines von beiden zu Frischwasser.

Abwasser- und zusätzlicher Wassertank

Zum Auffangen und zur späteren Beseitigung Ihres Abwassers benötigen Sie
einen Abwassertank. Achten Sie darauf, dass das ausgewählte Modell unter
den Ablassstutzen passt und Räder hat, damit Sie es zur Entsorgungsstation
rollen können. Während der Fahrt verstauen Sie ihn im Gaskasten.

Wir empfehlen, außerdem auch bei einem fest eingebauten Wassertank
immer zusätzlich einen transportablen mitzunehmen, vor allem dann, wenn
Sie nicht alle zwei Tage den Platz wechseln und an einer Entsorgungsstation
vorbeifahren.

Stromkabel

Es sollte 25 m lang und für den Außeneinsatz geeignet sein. Alles weitere,
auch zu den Steckern: ☞ Die Technik/Die Elektrik.

Perfekte Campingmahlzeit:
Bratkartoffeln mit Hackfleisch und Gemüse aus der Muuriika

Grill

Wenn Sie zu der großen Mehrheit der Camper gehören, die gerne grillen, packen Sie einen Grill ein! Ob Gas oder Holzkohle ist Geschmacksache. Die Auswahl an kleinen, leicht zu verstauenden Holzkohlegrills ist jedoch wesentlich größer und Sie müssen sich nicht auf die Suche nach passenden Gaskartuschen begeben - Holzkohle gibt es überall. Im einschlägigen Ausrüstungshandel finden Sie eine große Auswahl. Wir verwenden immer einen kleinen Kugelgrill, auf den wir zusätzlich eine finnische Muuriika (☞ Foto links) stellen können, in der man ähnlich wie in einem Wok garen kann. Elektrogrills machen wieder zu sehr vom Strom abhängig.

Gut gefallen hat uns auch der LotusGrill der Fa. Böker. Es handelt sich hier um einen runden Holzkohlegrill, bei der die Grillkohle in einem speziellen Holzkohlebehälter ange-

Der besonders praktische LotusGrill

zündet wird. Mittels eines kleinen Propellers kommt nur die Hitze an das Grillgut, es gibt keinen direkten Kontakt zur Kohle. Außen bleibt der Grill kühl genug, dass Sie ihn auch noch während des Betriebs umstellen können.

Zusätzlicher Gasherd/Elektrokochfeld

Wenn Sie lieber draußen kochen möchten, benötigen Sie einen zusätzlichen Camping-Gasherd. Für einen ganz mobilen Urlaub ist das allerdings nicht zu empfehlen. Zum Herd benötigen Sie nämlich ebenfalls einen passenden Schrank, auf den Sie ihn zum Betrieb stellen können, und da Sie keine zusätzlichen Gasflaschen neben den beiden im Gaskasten transportieren dürfen, müssen Sie eine von diesen ausbauen - alles zu umständlich, um es alle paar Tage aufs Neue aufzubauen.

Sinnvoller ist vielleicht eine zusätzliche kleine Elektrokochplatte, die bei vorhandener Stromversorgung hilft, Gas zu sparen und stark riechende Speisen draußen zubereiten zu können, ohne den Grill anzumachen. Sie kann, da klein und handlich, einfach auf dem Boden oder einer Tischecke stehen.

Dachboxen

Wenn Sie mit einem kleinen und kompakten Wohnwagen unterwegs sind, empfiehlt es sich, für zusätzlichen Stauraum über eine Dachbox nachzudenken. Hier sollten aber nur sperrige leichte Teile hinein, um den Schwerpunkt des Fahrzeugs nicht unnötig nach oben zu verlagern. Die Dachbox eignet sich z. B. für die Skiausrüstung im Winter oder das Spielzeug und die Angelausrüstung im Sommer. Eine große Auswahl an Dachboxen bietet der schwedische Spezialist Thule an: 💻 www.thule.com

Fahrradträger

Wer seine Fahrräder mitnehmen möchte, hat verschiedene Möglichkeiten, einen Fahrradträger zu montieren. Es gibt Modelle für das Autodach, die Wohnwagendeichsel oder das Wohnwagenheck. Wenn Sie am Wohnwagenheck einen Radträger montieren, sollten Sie sich auch eine Warntafel besorgen. In einigen Ländern (z.B. in Italien und Spanien) ist dies vorgeschrieben. Bei Montage auf der Deichsel überprüfen Sie bitte nach dem Beladen, ob die maximale Stützlast auch nicht überschritten wurde. Auch für Autodächer gilt eine maximale Dachlast.

Wenn Sie im Urlaub einmal ohne Wohnwagen, aber mit Fahrrädern auf dem Dach unterwegs sind, bedenken Sie bitte, dass Ihr Fahrzeug nicht in ein Parkhaus passt. Sie wären nicht der Erste, der seinen Dachgepäckträger vor einem Parkhaus „abräumt".

Wenn die Fahrräder einmal nicht gebraucht werden (z.B. im Winter), kann man auf den Haltern eine Carry-Box anbringen und verschafft sich so bis zu 600 l zusätzlichen Stauraum. Deshalb achten Sie am besten schon beim Kauf darauf, ob sich der Fahrradträger mit einer Box erweitern lässt. Marktführer in Deutschland sind die Firmen Thule aus Schweden (💻 www.thule.com) und Fiamma aus Italien (💻 www.fiamma.com/de).

Auf der Deichsel können maximal drei Fahrräder untergebracht werden (Modell Thule Sport - Comfort). Achten Sie beim Fahren darauf, dass Sie nicht so stark einschlagen können, sonst beschädigen Sie die Fahrräder mit dem Pkw-Heck oder dieses mit den Rädern

Einbruchschutz

Die standardmäßig von den Wohnwagenherstellern eingebauten Schlösser sind für einen erfahrenen Einbrecher kein größeres Hindernis. Deshalb gibt es im Handel stabilere Schlösser, die die Langfinger von Ihrem Eigentum fernhalten sollen. Für Stauklappen und Eingangstüren gibt es den „Door Lock", ein recht stabil aussehendes Schloss, das mittels einer Gegenplatte an Türen oder Klappen montiert werden kann. Dabei ist es egal, ob die Klappen rechts oder links angeschlagen sind. Für die Eingangstür gibt es noch den „Security Handrail", einen stabilen Handlauf, der neben erhöhter Einbruchsicherheit auch noch eine Hilfe beim Einstieg bietet. Beides bekommen Sie im Campinghandel.

Natürlich gibt es außerdem zahlreiche Anbieter von Alarmanlagen mit oder ohne Gasalarm, doch totale Sicherheit bietet ein Wohnwagen nun einmal nicht. Es stellt sich natürlich auch die Frage, ob nicht ein gut gesicherter Wohnwagen eher Langfinger anzieht als ein Standardmodell - frei nach dem Motto „Der hat dicke Schlösser davor, da gibt es bestimmt etwas zu holen."

Was brauche ich alles im Urlaub und wohin damit?

Eins vorweg: Wohnwagen sind keine Lastesel und das für die Fahrt zulässige Gesamtgewicht ist schnell erreicht bzw. überschritten. Schwere Dinge wie z.B. das Vorzelt oder das Schlauchboot gehören ins Zugfahrzeug.

Was dann noch an gewichtigen Sachen übrig bleibt, muss grundsätzlich unten im Wagen verstaut werden. Nur leichte Sachen dürfen in die Oberschränke.

Und nur was Sie wirklich benötigen, wird auch eingepackt. Alle Dinge sollten ihren festen Platz haben und dort auch immer wieder verstaut werden. Im Wohnwagen stellt sich sehr schnell ein gewisses Chaos ein, wenn jeder Benutzer seine Sachen herumliegen lässt, und wenn Sie häufiger Ihren Standort wechseln, werden Sie vor dem Abfahren jedes Mal viel Zeit brauchen, bis alles wieder an seinem Platz ist.

Wenn Sie nicht penibel abwiegen und addieren wollen - Sie müssen das Leergewicht des Wagens, angebautes Zubehör, Gasflaschen, Wassertankfüllungen und die komplette Zuladung berücksichtigen - fahren Sie nach dem ersten Packen auf eine öffentliche Waage und kontrollieren Sie das Gesamtgewicht des Wagens! In Norwegen z.B. kann es Ihnen bei der Einreise schnell passieren, dass Ihr Gewicht kontrolliert wird und dann heißt es bei einem überladenen Fahrzeug: ausladen! Da ist es doch besser, zu Hause alles noch einmal zu kontrollieren und gegebenenfalls wieder auszuladen. Wenn der Wagen erst einmal steht, ist es relativ egal, was Sie an Bord nehmen, aber für die Fahrt muss das zulässige Gesamtgewicht eingehalten werden.

Bekleidung, Handtücher und Bettwäsche

Wie viel und welche Kleidung Sie benötigen, hängt natürlich davon ab, wo Sie hinfahren, mit wie vielen Personen Sie unterwegs sind und ob Sie zwischendurch Waschtage einlegen möchten. Die Kleidung wird auf jeden Fall am besten in den Oberschränken aufbewahrt. Jeder hat ein (oder mehrere) Fächer für sich allein. Der Kleiderschrank wird bei mehr als zwei Personen vermutlich nur für die Jacken reichen, alles andere sollte sich zusammenfalten und in den Oberschränken unterbringen lassen. Auch Handtücher verstauen Sie dort. Vielleicht hat Ihr Bad sogar einen eigenen Oberschrank. Bettwäsche ist oft schwer und dann besser in einer Sitzbank aufgehoben. Uns ist bei einem nagelneuen Wohnwagen während eines Schwedenurlaubs, der uns auch einige Kilometer über ungeteerte Straßen führte, bei den Oberschränken der Boden rausgebrochen, obwohl wir dort nur Kleidung verstaut hatten. Die Kräfte, die während der Fahrt auf Ihr rollendes Zuhause einwirken, sind enorm: Jedes Schlagloch überträgt sich nahezu ungedämpft auf die Einrichtung.

Einen Wäschesack für Schmutzwäsche können Sie unten in eine Sitzbank packen oder bei mehreren Personen gleich einen kompletten Kasten unter einer Bank für Schmutzwäsche vorsehen. Auch Schuhe sind in den Bänken am besten untergebracht. (Dasselbe gilt übrigens wegen des Gewichts für größere Kisten mit Gesellschaftsspielen und Bücher). Bei Schuhen hat es sich bewährt, sie in einen Kasten direkt neben der Tür zu verstauen. Wenn dieser auch noch eine Seitenklappe hat und so auch von der Tür aus zugänglich ist, ist das optimal.

So kommt man gut an die Schuhe!

Geschirr, Gläser und Besteck

Ihr Geschirr von zu Hause ist nicht „wohnwagentauglich". Porzellan und Co. sind viel zu schwer und auch zu zerbrechlich für einen Wohnwagenurlaub. Erste Wahl ist hier Melamingeschirr. Es hat gegenüber billigem Kunststoff- geschirr und Porzellan viele Vorteile, die es zum optimalen Material für den Campingalltag machen. Melamin wird bei 150 bis 160°C formgepresst und erhält dadurch eine extrem hohe Schlag- und Kratzfestigkeit. Vielleicht ken- nen Sie es schon von Rührschüsseln und Kochlöffeln aus Ihrer Küche zu Hause. Es gibt eine große Anzahl von Mustern und Ausführungen. Von der Espressotasse bis zum Eierbecher oder der Müslischale - Sie werden nichts vermissen. Melamin ist für die Spülmaschine, aber **nicht** für die Mikrowelle und den Backofen geeignet.

Leider hinterlassen Tee und Kaffee relativ schnell einen braunen Belag, den Sie mit der Hand nicht mehr abwaschen können. (Nehmen Sie keine Scheuermittel, das lässt sie anschließend nur noch schneller verschmutzen.) Es gibt Spezialreiniger, die die braunen Rückstände problemlos entfernen. Gute Spülmaschinen mit gutem Geschirrspülmittel bekommen den Belag nach dem Urlaub aber auch wieder weg. Melamin ist nicht ganz so schnitt- fest wie Porzellan.

Schön, leicht und praktisch für den Campingurlaub:
Geschirr aus Melamin   📷 *www.packshot-hamburg.de*

Bei Melamingeschirr lohnt es sich, für gute Qualität ein paar Euro mehr auszugeben, denn das macht sich letztendlich durch lange Haltbarkeit und hohe Nutzerfreundlichkeit bezahlt. Hochwertiges Melamingeschirr übersteht leicht ein ganzes Reisemobil- oder Caravanleben. Ein renommierter deutscher Hersteller ist die Fa. Gimex. Besuchen Sie einen Campingausrüster wie Berger, Movera oder Frankana oder schauen Sie in deren Kataloge oder Internetseiten - Sie werden „Ihr" Geschirr ganz sicher finden. Wenn Sie Platz genug haben, kaufen Sie nicht so wenig, dass Sie nach jeder Mahlzeit abwaschen müssen - das verdirbt die Urlaubslaune schnell, vor allem wenn man das Spülen dem Nachwuchs auftragen möchte. Wir haben als Reserve auch immer einige Einweg-Pappteller an Bord.

Trinkgläser aus Glas sind beim Campen auch ungeeignet - sie lassen sich nur schwer sicher verstauen und schnell fällt mal eins runter und hinterlässt

gefährliche Splitter. Deshalb entscheiden sich viele Camper für Kunststoff-
gläser. Gläser aus Polycarbonat sind ausgezeichnet für den Campingeinsatz
geeignet. Sie haben eine hohe Schlagfestigkeit, sind glasklar, temperatur-
beständig bis 100 °C, spülmaschinenfest (was allerdings nur für die End-
reinigung nach dem Urlaub von Interesse ist) und natürlich um einiges leichter als Glas. Letzteres werden Weinliebhaber vielleicht trotzdem vorziehen,
dann sorgen Sie aber durch geeignete Einsätze in den Schränken für absolut
sicheren Stand.

Wenn Sie mit Kindern unterwegs sind, sind stapelbare Plastikbecher in
verschiedenen Farben, z.B. von Ikea, sinnvoll: günstig, leicht, unzerbrechlich
und in einer Menge mitzunehmen, dass auch die neuen Urlaubsbekannt-
schaften Ihrer Kinder ein Glas Saft abbekommen können.

Relativ neu auf dem
Markt ist Geschirr aus
Bambusfasern, es soll
spülmaschinenfest,
langlebig und trotzdem
recyclingfähig sein. In
jedem Fall ist es sehr
leicht und unzerbrech-
lich und bereits in ver-
schiedenen Farben auf
dem Markt. Es kostet
etwa genauso viel wie
Geschirr aus Melamin.

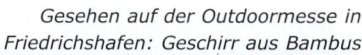
*Gesehen auf der Outdoormesse in
Friedrichshafen: Geschirr aus Bambus*

Billiges Plastikgeschirr sollten Sie meiden, nach wenigen Tagen haben die
Teller bereits tiefe Schnitte und sind kaum noch richtig sauber zu bekommen.

All diese Teile gehören in die Oberschränke der Küchenzeile.

Besteck können Sie passend zum Melamingeschirr mit Kunststoffgriffen
wählen.

Sonstige Küchenausstattung

Wenn Sie im Urlaub nicht nur essen gehen möchten, sondern gern selbst kochen, benötigen Sie vieles von dem, was Sie auch zu Hause in der Küche nutzen: Gemüse-, Brot und Fleischmesser, Schneidbretter, Rühr- bzw. Salatschüssel, Sieb und Untersetzer. Dies können Sie natürlich aus Ihrem Haushalt mitnehmen, wir haben unseren Wohnwagen allerdings komplett autark ausgestattet, so vergessen wir keine Teile (wir nutzen den Wagen allerding sehr oft auch beruflich und wohnen dort, z.B. auf Messen).

Auch Teekessel, Töpfe und Pfannen können Sie aus Ihrem Haushalt verwenden, achten Sie aber in jedem Fall darauf, dass sie nicht zu groß sind. Drei Stück sollten gleichzeitig auf den Gaskocher passen. Achten Sie bei kleinen Töpfen auch auf die Ausführung des Bodens: Wir haben uns

Topfvergleich: Der rechte Topf ist wegen des runden Bodens ohne Riffelung unbrauchbar.

in Schweden mal einen Topf gekauft, der sich selbst bei waagerechtem Stand auf den Stäben des Gaskochers selbstständig machte und rutschte, weil er einen runden Boden ohne jede Riffelung hatte.

Wenn Sie für die Pfanne einen Deckel mitnehmen, können Sie darin z.B. auch Nudeln überbacken. Sehr praktisch ist eine Pfanne mit abnehmbarem Griff, sie lässt sich wesentlich besser verstauen. Auch bei den Töpfen sollten Sie auf sogenannte Kasserollen (Topf mit einem langen Stil an der Seite) verzichten - sie brauchen ebenfalls viel Platz. Nehmen Sie am besten zwei bis drei Töpfe der gleichen Serie, die sich gut stapeln lassen. Perfekt zum Stapeln ist es, wenn sich die Griffe auch noch abnehmen oder abklappen lassen.

Vermeiden Sie dabei aber Töpfe, die mittels Griffzange angehoben werden müssen, das ist etwas für Leute, die draußen vorm Zelt kochen. Dort ist es nicht schlimm, wenn sich der Topfinhalt mal auf die Wiese ergießt. Im Wohnwagen hingegen kann es ein mittelprächtiges Chaos verursachen, wenn der Griff abrutscht und die Spaghetti für vier Personen sich samt Bolognesesoße im Wagen verteilen.

Pfannen mit abnehmbaren Griff lassen sich gut verstauen.

Es empfiehlt sich, eine Packliste zu machen, wenn Sie die Dinge nicht immer im Wagen lassen möchten. Hier ist unser Vorschlag, den Sie für sich anpassen können.

- ☐ 2 bis 3 kleine und möglichst leichte Kochtöpfe mit passenden Deckeln
- ☐ Wasserkessel, zum Gassparen lieber ein etwas breiteres Modell wählen
- ☐ Bratpfanne mit Deckel (höchsten 24 cm Durchmesser, dafür gern etwas höher)
- ☐ Brotmesser
- ☐ großes scharfes Küchenmesser zum Schneiden von Fleisch und Gemüse
- ☐ kleines Messer oder Sparschäler für Kartoffeln, Karotten etc.
- ☐ Nudelsieb (Seit einiger Zeit sind Modelle aus Silikon auf dem Markt, die sich zusammendrücken lassen und dann nur noch wenig Platz brauchen.)
- ☐ Salatschüssel - auch diese gibt es in gleicher Ausführung wie das Nudelsieb.

- ☐ Kaffee/Teekanne - am besten gleich ein Modell mit Sieb zum Kaffeepressen, das erspart einen separaten Filter. Die gibt es auch schon als Thermoskanne - so haben Sie drei Fliegen mit einer Klappe geschlagen.
- ☐ Espressokanne - die billigsten Modelle leisten ordentliche Arbeit auf dem Gasherd.
- ☐ Messbecher
- ☐ Suppenkelle
- ☐ Auffülllöffel
- ☐ Kochlöffel
- ☐ Pfannenwender
- ☐ Schneebesen
- ☐ Kartoffelstampfer
- ☐ Grillzange
- ☐ Küchenschere
- ☐ Dosenöffner
- ☐ Korkenzieher
- ☐ sicher verschließbare Behälter für Lebensmittel (Achten Sie beim Kauf darauf, dass sie möglichst genau in Ihren Kühlschrank/ins Gefrierfach passen!)
- ☐ Brotkorb
- ☐ Brotbrett oder Schneidmatte
- ☐ Tablett (mit möglichst rutschfester Platte und hohem Rand)
- ☐ Untersetzer für heiße Töpfe
- ☐ 1 bis 2 Abwaschschüsseln (Platzsparend zu verstauen und seit Jahren bewährt sind Faltschüsseln von Ortlieb. Es gibt sie in drei verschiedenen Größen: 5, 10 und 20 l.)
- ☐ Abtropfgestell/-matte für den Abwasch
- ☐ Geschirrspülmittel
- ☐ Abwaschbürste/Spültücher
- ☐ Geschirrtuch
- ☐ Streichhölzer/Feuerzeug/Gasanzünder, um die Gasflammen am Herd zu entzünden
- ☐ Lebensmittel für die ersten Tage/Konservendosen als Notration

Je nach Schrankgröße und Gewicht der Teile können Sie die Lebensmittel ebenfalls in den Schubladen, Küchenoberschränken oder im Küchenunterschrank unterbringen.

Legen Sie vorm Beladen Anti-Rutschmatten in alle Schränke und Auszüge, das verhindert relativ zuverlässig ein Verrutschen der Teile während der Fahrt.

Auf **Elektrogeräte** wie Kaffeemaschine oder Toaster sollten Sie verzichten, es macht Sie nur abhängig vom Stromanschluss und braucht viel Stellplatz im Wagen. Für nahezu alle Elektrogeräte gibt es Alternativen, die ohne Strom arbeiten und damit für Camping geeignet sind. Blättern Sie in Ruhe die Kataloge der im Anhang genannten Ausrüster durch. Auch Globetrotter-Läden sind eine gute Quelle.

Gnade findet bei uns nur ein guter 12-Volt-**Autostaubsauger** und im Winter ein **Elektroheizlüfter** (Schauen Sie, ehe Sie den benutzen, ob Sie Geräte mit dieser Wattzahl auf dem Campingplatz betreiben dürfen!).

Dies und das

Für den Gang zu den Sanitäranlagen sind aufhängbare Kulturtaschen, Bademäntel und Badelatschen sinnvoll. Für Ausflüge in die nächste Stadt oder kleine Wanderungen sollten Sie an einen Tagesrucksack denken. Für Einkäufe während des Stadtbummels ist eine kleine Kühltasche sinnvoll.

Weiter sollten Sie einpacken:

☐ Sanitärflüssigkeit und Zusatz zum Toilettenspülwasser

☐ Klopapier - auf Campingplätzen ist oft keines vorhanden und im Wohnwagen brauchen Sie es natürlich auch.

☐ Feuerlöscher - darauf sollten Sie keinesfalls verzichten, er gehört gut zugänglich in jeden Wagen.

☐ Hausapotheke - am besten eine „eigene" speziell für den Wohnwagen, dann kann man nichts vergessen. Die Füllung hängt auch von Ihrem Reiseziel ab. Besprechen Sie das am besten mit Ihrem Hausarzt.

☐ Reiseführer - es wäre doch schade, wenn Sie am Urlaubsort oder während der Fahrt die wichtigsten Sehenswürdigkeiten verpassen, weil Sie nicht informiert sind. Auch ein kleiner handlicher Wanderführer für Touren am Urlaubsort passt sicher noch in Ihren Wagen.

☐ Ein kleines spezielles Camping-Kochbuch. Gut gemachte berücksichtigen, dass Sie nur eine kleine Küche mit weniger Möglichkeiten als zu Hause haben.

📖 Buchtipp aus dem Conrad Stein Verlag: „Kochen 2 - für Camper" von Claudia Erben, ISBN 978-3-86686-322-4, € 8,90

☐ Größere S-Haken, um ein Badetuch zum Trocknen unter die Markise/ins Vorzelt zu hängen, um den Bademantel bei fehlenden Haken im Sanitärgebäude zu sichern … Sie werden unterwegs noch viele andere Einsatzmöglichkeiten entdecken.

☺ Über neu erscheinende, mehr oder weniger sinnvolle Zubehörteile für Ihren Caravan informieren wir Sie auf der Verlagshomepage. Bitte rufen Sie auf der Seite 🖥 www.conrad-stein-verlag.de mithilfe der Suchfunktion diesen Titel auf. Unter dem Link „mehr lesen" finden Sie dann alle wichtigen Neuigkeiten. Der rechts abgebildete QR-Code führt Sie direkt zu der richtigen Seite.

Besuchen Sie uns doch einmal auf unserer Homepage.

Dort finden Sie …

… aktuelle Updates zu diesem Outdoor Handbuch und zu unseren anderen Reise- und Outdoor Handbüchern,

… Zitate aus Leserbriefen,

… Kritik aus der Presse,

… interessante Links,

… unser komplettes und aktuelles Verlagsprogramm & viele interessante Sonderangebote für Schnäppchenjäger.

www.conrad-stein-verlag.de

CONRAD STEIN VERLAG

Die Technik

Ein Mast für die Sat-Schüssel ersetzt das Stützrad an der Deichsel.

Kleine Werkzeugkiste

Folgende Werkzeuge sollten Sie für alle Fälle an Bord haben:

- ☐ Gabelschlüssel (die gängigsten Größen sind: 10, 13, 17, 19 mm)
- ☐ Wasserpumpenzange
- ☐ Schraubendrehersatz (Schlitz, PH und PZ Gr. 1 und 2)
- ☐ Kompass (zum Satellitenfinden)
- ☐ Kombizange
- ☐ Seitenschneider
- ☐ Phasenprüfer (um zu prüfen, ob Spannung an der Steckdose anliegt)
- ☐ 12-Volt-Tester (um zu prüfen, ob 12 Volt an Lampen oder Steckdosen anliegen)
- ☐ Vielfachmessgerät (als Luxusvariante zu 12-Volt-Tester und Phasenprüfer)
- ☐ Kabelschuhe mit Zange (falls einmal ein Kabel erneuert werden muss)
- ☐ Lüsterklemmen (kann man immer gebrauchen)
- ☐ Stabile Schlauchschellen
- ☐ Anschlussstücke für Gardena-Schlauchanschlüsse in den Größen ½ Zoll und ¾ Zoll
- ☐ Teflon-Band zum Eindichten
- ☐ Gasleck-Suchspray
- ☐ Hammer
- ☐ Akku-Schrauber

Das Fahrwerk und Tempo-100-Zulassung

Anti-Schlinger-System

Die meisten Wohnwagen werden heutzutage mit einem AL-KO-Fahrwerk ausgeliefert. Je nach Länge und zulässigem Gesamtgewicht können noch diverse Extras angebaut werden. Wenn Sie einen großen und schweren Wohnwagen (ab 7,5 m Länge) haben, sollten Sie sich Gedanken über ein Anti-Schlinger-System machen. Wenn der Wohnwagen ins Schlingern gerät, werden die Räder abgebremst, ähnlich dem ESP-System im Pkw. Dadurch findet der Anhänger wieder in seine Spur zurück. Dieses System kann auch nachgerüstet werden. Es kostet ca. € 750 zuzüglich des Einbaus, der in etwa

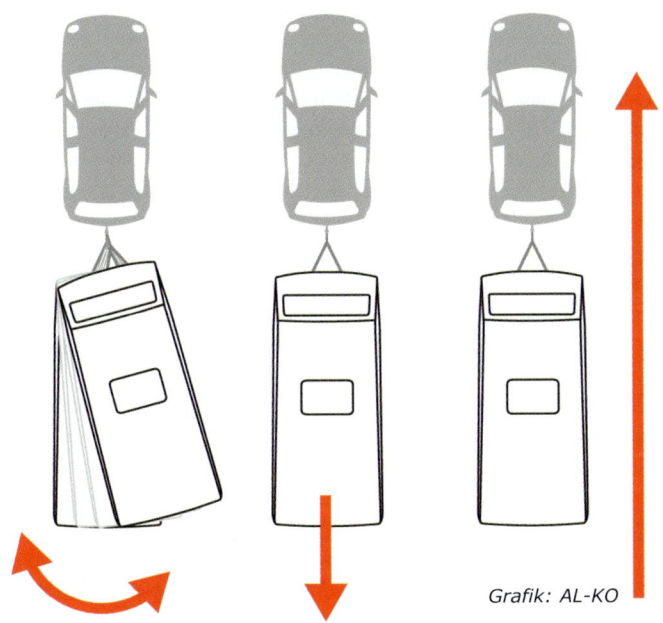

Grafik: AL-KO

zwei Stunden erledigt sein sollte. Es wird jedoch ein 13-poliger Stecker
benötigt, da die Stromversorgung am 7-poligen Stecker nicht ausreicht. Es
müssen also auch alle Pole am Stecker des Pkw belegt sein. Dies ist bei den
meisten Autos ab Werk leider nicht der Fall, sodass ein zusätzlicher Kabelbaum von der Lichtmaschine zur Steckdose gelegt werden muss. Rechnen Sie
dafür noch einmal € 100 an weiteren Kosten. Diese Investition lohnt sich
aber in doppelter Hinsicht. Neben der zusätzlichen Sicherheit gibt es bei den
meisten Versicherungen für das Anti-Schlinger-System einen Rabatt von bis
zu € 100 Euro/Jahr. Den komplett belegten Stecker benötigen Sie ebenfalls,
um während der Fahrt Ihre Bordbatterie aufzuladen.

Anti-Schlinger-Kupplung

Ein weiteres unverzichtbares Produkt für die Fahrzeugsicherheit ist die Anti-
Schlinger-Kupplung. Bei Neufahrzeugen sollte sie eigentlich Standard sein
und ohne Aufpreis geliefert werden. Wer noch einen älteren Wohnwagen mit

einer einfachen Kupplung besitzt, sollte sich Gedanken über eine Nach-
rüstung machen. Die Anhängerkupplung ist die einzige Verbindung zwischen
Zugfahrzeug und Anhänger. Normale Standard-Anhängerkupplungen sichern
einzig ein Lösen des Anhängers vom Zugfahrzeug, können aber Stabilitäts-
probleme, die ein Fahrer mit seinem Gespann oft hat, nicht trotzen. Die
Anti-Schlinger-Kupplung hingegen dient als besondere Stabilisierungshilfe.
Sie ermöglicht, dass sich die kritische Geschwindigkeit im Gespann um ca.
10-15 km/h nach oben verschiebt, das Risiko also bei gleichbleibender
Geschwindigkeit durch die Schlingerkupplung erheblich verringert wird.
Unerfahrene Fahrer machen oft Beladungsfehler, die durch die Stabilitätshilfe
der Anti-Schlinger-Kupplung korrigiert werden können. Das ermöglicht, dass
das Gespann gerade bei tückischen Fahrten über schlecht präparierte Straßen
auch bei 100 km/h kontrolliert stabilisiert wird. Die bekanntesten Modelle
sind die AKS 3004 von AL-KO und die WS 3000 von Winterhoff. Beide
kosten ca. € 300 (die WS 3000 ist meistens etwas günstiger).

Tempo 100

Für eine Zulassung auf Tempo 100 ist eine Anti-Schlinger-Kupplung vorgeschrieben. Zusätzlich müssen noch hydraulische Stoßdämpfer eingebaut werden und die Bereifung darf nicht älter als 6 Jahre sein und muss mindestens
der Geschwindigkeitskategorie L (= 120 km/h) entsprechen. Außerdem darf
das Leergewicht des Zugfahrzeugs nicht geringer sein als das zulässige
Gesamtgewicht des Caravans. Sowohl der Caravan als auch das Zugfahrzeug
haben eine höchstmögliche Stützlast. Beim Beladen muss darauf geachtet
werden dass der kleinere Wert eingehalten wird.

Die Tempo-100-Genehmigung gilt übrigens nur für deutsche Autobahnen und Kraftfahrstraßen. Auf Landstraßen gilt weiterhin Tempo 80 und auch
im Ausland müssen Sie sich natürlich an die dort gültigen Tempolimits halten. Sonst drohen zum Teil deftige Strafen.

Tempolimits für Gespanne auf Autobahnen in:

Belgien	120 km/h (*)
Bosnien-Herzegowina	80 km/h
Bulgarien	100 km/h
Dänemark	80 km/h

Finnland	80 km/h
Frankreich	130 km/h (*)
Griechenland	80 km/h
Großbritannien	96 km/h
Irland	120 km/h (*)
Italien	80 km/h
Kroatien	80 km/h
Litauen	90 km/h
Luxemburg	90 km/h, bei Nässe nur 75 km/h
Mazedonien	80 km/h
Niederlande	90 km/h
Norwegen	80 km/h
Österreich	100 km/h (Für Gespanne über 3,5 t zulässiges Gesamtgewicht (zGG) und für Gespanne mit einem zGG unter 3,5 t, wenn das zGG des Anhängers das Eigengewicht des Zugfahrzeugs übersteigt, gilt ein Limit von 70 km/h.)
Polen	80 km/h
Portugal	100 km/h
Rumänien	90 km/h
Schweden	80 km/h
Schweiz	80 km/h
Serbien	80 km/h
Slowakei	90 km/h
Slowenien	80 km/h
Spanien	80 km/h
Tschechien	80 km/h
Türkei	110 km/h (*)
Ungarn	80 km/h
Zypern	100 km/h

Bei Unfällen mit deutschen Gespannen bei Geschwindigkeiten über 100 km/h muss laut ADAC immer mit Einschränkungen bei der Versicherungsleistung gerechnet werden, da Wohnwagen in Deutschland bauartbedingt nur bis 100 km/h zugelassen sind.

Rangiersysteme

Für das Rangieren auf dem Campingplatz sollten sich die Eigentümer größerer Wohnwagen Gedanken über ein Rangiersystem machen. Hierbei treibt ein starker Elektromotor eine Antriebsrolle an, die direkt am Reifen anliegt und Ihren Wohnwagen zielgenau auf den Stellplatz steuert. Dabei können sogar Steigungen bis zu 25 % (je nach Hersteller und Ausführung) erklommen werden. Auch Bordsteinkanten stellen kein Hindernis mehr da. Gesteuert wird per Fernbedienung.

Einfache Rangiersysteme gibt es ab ca. € 1.000 (zzgl. Einbau) Die Luxusmodelle schlagen aber auch gerne mit bis zu € 4.000 zu Buche und ein gehöriges Loch in die Camperkasse. Achten Sie bei der Auswahl des Rangiersystems auf die Leistung des Motors bzw. das vom Hersteller angegebene maximale Gesamtgewicht des Anhängers. Eventuell müssen Sie auch noch in eine Batterie und ein passendes Ladegerät investieren. Dann sind schnell noch einmal zusätzliche € 500 fällig. Lassen Sie sich am besten ein Komplettangebot von Ihrem Händler machen.

Sollten Sie sich für den Einbau eines Rangiersystems entscheiden, bedenken Sie aber auch, dass das Eigengewicht von Motor, Batterie und Elektronik ca. 60 - 80 kg beträgt und daher die Zuladung um dieses Gewicht reduziert werden muss.

Die bekanntesten Hersteller von Rangiersystemen sind die Firmen Reich mit dem Modell Move Control Comfort, Truma mit dem Mover und AL-KO mit dem System AMS Mammut. Ein etwas leistungsschwächeres Modell wird von der Firma EAL angeboten. Es schafft zwar keine 18-prozentigen Steigungen und fährt keine Bordsteinkanten hoch, ist aber für € 800 (zzgl. Einbau und Batterie) für kleinere Wohnwagen sicherlich eine gute Alternative. Damit sollten Sie den Wohnwagen ohne größere Probleme rangieren können.

Wasserversorgung

Frisch- und Abwassertank

Bevor Sie sich Gedanken über die Größe des Frischwassertanks machen, sollten Sie erst einmal überlegen, wo Sie Ihre Urlaube verbringen möchten. Bevorzugen Sie es, auf einsamen Parkplätzen in der Weite Lapplands zu stehen, benötigen Sie natürlich einen größeren Tank, als wenn Sie auf einem 5-Sterne-Campingplatz an der Mecklenburgischen Seenplatte campieren.

Auch die Größe Ihres Wohnwagens und das zulässige Gesamtgewicht spielen eine entscheidende Rolle bei der Auswahl. Wer einen kleinen Wagen ohne eigenes Bad, nur mit Spülbecken und einem Porta Potti, besitzt, für den reicht ein kleiner Wasserkanister, der unter das Spülbecken geschoben wird. In den Kanister kommt eine kleine Tauchpumpe, die das Wasser zur Armatur hochpumpt. Besitzer größerer Wohnwagen mit eigenem Badezimmer sollten sich schon mehr Gedanken machen, wie groß der Frischwassertank sein sollte. Dabei kommt es auf die Anzahl der Personen, die Gewohnheiten und auch die Zuladung des Wohnwagens an. Für vier Personen, die nicht gerne auf Campingplätzen stehen und selbst gerne kochen, sollten Sie einen Wassertank von etwa 60-80 l einplanen. Wenn Sie überwiegend auf Campingplätzen stehen und die Wasch- und Kochgelegenheiten dort nutzen, reicht auch ein 30- oder 40-l-Tank.

Sollten Sie Sorgen haben, dass der Tank zu klein sein könnte, können Sie sich noch ein oder zwei Faltkanister mitnehmen. So lässt sich der Wasservorrat leicht um weitere 15 l pro Kanister erhöhen. Prüfen Sie aber vorher zu Hause, ob die Kanister auch hundertprozentig dicht sind. Sonst fließen Ihnen während der Fahrt 30 l Wasser durch den Wohnwagen, was nicht sehr angenehm wäre. Sie können die gefüllten Kanister natürlich auch im Pkw transportieren.

Wasserversorgung in England: Der runde Frischwassertank wird zum Wasserhahn gerollt, aufgestellt, befüllt, verschlossen, wieder umgekippt und wie eine Rasenwalze wieder zum Platz zurückgezogen.

Wenn Sie mobil urlauben, können Sie unterwegs auch einfach nachtanken, Möglichkeiten gibt es an Ver- und Entsorgungsstationen für Wohnmobile oder an Tankstellen. Dort durften wir auf Anfrage immer unseren Tank mit Frischwasser füllen. Wenn Sie länger auf dem Campingplatz stehen, haben fest eingebaute Wassertanks einen Nachteil: Nur wenn ein Wasseranschluss mit Ihrem Schlauch erreichbar ist, können Sie gut nachfüllen, sonst heißt es: Wasser schleppen oder den Wohnwagen ankuppeln, zum Wasserhahn ziehen und tanken! Zum Nachfüllen gut geeignet sind 10-l-Kunststoffgießkannen oder Faltkanister mit einem montierten Auslaufschlauch, die in leerem Zustand wenig Platz benötigen. Flexibler sind Sie mit einem Einfülltrichter.

Je nach Größe des Frischwassertanks benötigen Sie natürlich auch noch einen Abwassertank. Hier empfiehlt es sich, ein „Wassertaxi" mit untergebauten Rädern zu benutzen. Das Taxi wird einfach unter den Ablaufschlauch geschoben und sammelt das Brauchwasser auf. Sie sollten es aber regelmäßig leeren, damit ein Überlaufen vermieden wird. Eine große stinkende Abwasserlache unter dem Wohnwagen macht sich besonders in Schutzgebieten nicht besonders gut.

Wenn Sie keine Chemie und nur biologisch abbaubare Seife benutzen, können Sie das Wasser in jede herkömmliche Abwasserkanalisation einleiten. Wenn Sie jedoch starke Chemie zum Putzen verwenden, sollten Sie den Tankinhalt vorsichtshalber in den Entsorgungsstationen für Chemietoiletten auf den Campingplätzen oder in extra ausgewiesene Toiletten entsorgen. Leeren Sie das Taxi auch immer **vor** und nach dem Duschen, um sicher zu sein, das noch genügend Wasser aufgenommen werden kann.

Es gibt auch fest eingebaute Abwassertanks, aber diese sind bei längerem Stehen auf einem Campingplatz eher unpraktisch - zum Entleeren müssen Sie den Wohnwagen ankuppeln und zur Entsorgungsstelle ziehen. Als Alternative empfiehlt sich auch hier der rollbare Abwasserkanister, den Sie gleich unter den Ablasshahn Ihres Abwassertanks stellen.

Eine gute Planung des Wasserverbrauchs hilft auch Benzin zu sparen. Wenn Sie morgens losfahren und abends die Ankunft auf einem Campingplatz planen, macht es wenig Sinn, mit 100 l (also auch 100 kg) Wasser durch die Gegend zu fahren. Nehmen Sie nur eine kleine Notreserve mit, um sich unterwegs einen Kaffee kochen oder sich kurz die Hände waschen zu können. Den Tank können Sie am Abend auf dem Campingplatz komplett auffüllen.

Wasserpumpe und Armatur

Normalerweise sind im Wohnwagen 12-Volt-Tauchpumpen eingebaut, die sich einschalten, sobald Sie einen Wasserhahn öffnen, und das Wasser zur jeweiligen Verbrauchsstelle befördern. Falls Sie Änderungen vornehmen möchten oder ein Teil seinen Geist aufgibt und Sie Ersatz kaufen müssen, haben wir einige Hinweise für Sie:

Je nach Größe liefern die eingebauten Pumpen zwischen 10 und 19 l Wasser/Minute, wobei 19 l/Min. eigentlich schon zu viel ist. Wir empfehlen eine Pumpe, die etwa 12 l/Min. fördert. Sie kostet ca. € 20. Für diese Pumpen benötigen Sie Wasserarmaturen mit eingebautem Mikroschalter. Den erkennen Sie daran, dass die Armatur zusätzlich zu den Wasseranschlüssen auch noch zwei Kabelanschlüsse hat. Wenn Sie den Hahn aufdrehen, wird ein kleiner Schalter betätigt, der die Pumpe einschaltet.

Ob Sie eine Armatur aus Metall oder Kunststoff, mit oder ohne keramische Dichtungen aussuchen, entscheidet Ihr Budget. Die Preise beginnen bei € 15. Für die Küche empfehlen wir eine Armatur mit niedriger Bauhöhe und herunterklappbarem Auslauf, die während der Fahrt unter der Spülenabdeckung - falls vorhanden - verschwindet. Je nachdem wie das Bad geschnitten ist, könnten Sie auf dem Waschbecken auch eine Armatur mit herausziehbarem Auslauf einbauen. So sparen Sie sich die zweite Armatur für die Dusche.

Trinkwasserhygiene

Wenn Sie Trinkwasser längere Zeit im Tank aufbewahren, sollten Sie sich Gedanken über eine Konservierung machen, besonders im Sommer bei höheren Temperaturen. Eine Möglichkeit ist der Einbau von UV-Tauchstrahlern. Sie zerstören die Erbinformationsübermittlung der Bakterien bei der Zellteilung, wodurch die Bakterien absterben. Das Gerät schaltet sich alle 4 Stunden für ca. 15 Minuten ein und hat eine Leistung von 12 Watt, verbraucht also kaum Strom. Leider liegen die Anschaffungskosten bei ca. € 400.

Wesentlich günstiger und genauso effektiv ist die Verwendung von Wasserzusätzen, z.B. Chlorosil oder Purosil von Multiman.

Mittel wie Purosil arbeiten auf Basis von Silberionen und sind zur Konservierung von Trinkwasser zugelassen. Die Silberionen inaktivieren Erreger von Darmerkrankungen. Dazu benötigen sie sauberes, klares Wasser und mindestens 2 Stunden Einwirkzeit. Mittel wie diese werden vor allem in Mittel- und Nordeuropa eingesetzt, um Trinkwasser haltbar zu machen und vor Wiederverkeimung zu schützen. Das Wasser ist dort von guter Qualität, die Temperaturen sind vergleichsweise niedrig und die Versorgungsleitungen in der Stadt und auf dem Land in gutem Zustand. Mit einem Fläschchen Purosil können Sie etwa 1.000 l Wasser konservieren. Es kostet € 9,95. Ähnliche Mittel gibt es natürlich auch von anderen Anbietern, z.B. argento von certisil.

Chlorosil enthält zusätzlich noch Chlor. Das Chlor desinfiziert das Wasser innerhalb von 30 Minuten und stellt keine so hohen Ansprüche an die Wasserqualität. Die Silberionen schützen das Trinkwasser in einem sauberen Tank bis zu 6 Monaten vor Wiederverkeimung. Deshalb ist Chlorosil besonders geeignet, Trinkwasseranlagen frisch zu halten und bakterielle Verunreinigungen zu vermeiden. Das Fläschchen Chlorosil zur Desinfizierung und Konservierung von ca. 1.000 l Trinkwasser kostet € 10,95. Auch andere Firmen bieten Wasserzusätze mit Chlor an (z.B. certisil combina, Berger Desinfekt Chlor).

Denken Sie daran, dass Wasser, das fern der Heimat aus dem Hahn kommt, nicht immer Trinkwasserqualität hat. Wasser, das außerhalb Mittel- und Nordeuropas aus dem Wasserhahn kommt, sollten Sie immer mit Misstrauen begegnen. Oft kommt es aus Zisternen, dubiosen Brunnen, von weit her über brüchige Rohrleitungen oder direkt aus dem Bach hinter dem Stellplatz, an dem Kühe und Schafe weiden. Es enthält oft Bakterien, manchmal auch Krankheitserreger, und muss desinfiziert werden, damit es nicht zu einer Gefahr für die Gesundheit wird.

Das Abkochen des Trinkwassers ist immer die sicherste Lösung, braucht aber natürlich viel Energie (Gas). Mit etwas Chemie können Sie das Problem einfacher lösen.

Einmal im Jahr sollten Sie Ihre Wasseranlage reinigen. Dafür hat der Handel bereits entsprechende Produkte in einer Box zusammengestellt. Die unterschiedlichen Mittel reinigen Ihre Trinkwasseranlage, desinfizieren und entkalken den Tank und die Leitungen (☞ siehe auch Überwinterung und Frühjahrsinbetriebnahme). So eine Kur schlägt mit etwa € 25 zu Buche. Das sollte Ihnen ein sauberer Tank wert sein.

☺   Eine Vielzahl von Produkten zur Wasserhygiene und rund um den Wohnwagen finden Sie auf der Webseite 🖥 www.multiman.de. Wer Mitglied in einem Caravanclub ist, erhält einen Rabatt von 10 %.

Die Toilette

Die meisten neuen Wohnwagen haben inzwischen eingebaute Kassettentoiletten. Das Spülwasser kommt aus einem separaten, von außen zu befüllenden Spülwassertank. Dem Spülwasser kann man beim Füllen einen Spülwasserzusatz, z.B. MultiSan®Flush, zugeben. Er bildet in der Toilettenschüssel einen Schutzfilm, reinigt und vermeidet Beläge

Die Fäkalientanks haben ein Fassungsvermögen zwischen 10 und 20 l. Die Toiletten haben eine LED-Anzeige, die Sie darauf hinweist, wenn der Tank voll ist. Dann darf man(n) bewaffnet mit Gummihandschuhen den Tank aus der Halterung nehmen und die Kassette entleeren. Dafür stehen an den Campingplätzen entsprechende Räume oder Kammern mit der Aufschrift „Chemical Toilet" zur Verfügung. In Großbritannien finden Sie auch oft die Aufschrift „Elsan Point" - die Firma Elsan gilt als Erfinder der Campingtoilette. Bitte entleeren Sie die Kassetten nur in diesen Räumen. Um Geruchsbelästigungen während des Betriebs zu verringern, bietet der Handel entsprechende Sanitärflüssigkeiten (z.B. MultiSan®, ca. € 10, 1,5-l-Flasche für 50 Anwendungen). Alle Flüssigkeiten müssen das Umweltzeichen „Blauer Engel" tragen. Das heißt aber trotzdem nicht, dass Sie den Inhalt Ihrer Toilettenkassette hinter den nächsten Busch kippen können! Auch die in südlicheren Ländern noch verbreiteten Drei-Kammer-System-Kläranlagen kommen mit der Chemie nicht klar und können sogar zerstört werden. Schütten Sie den Inhalt der Kassetten also bitte nur in die Chemikalien-Toilette!

Wer auf Chemie verzichten möchte, kann auch etwas Essig in die Kassette geben. Das riecht nicht ganz so gut wie die chemischen Mittel, erfüllt aber für einen kürzeren Zeitraum auch seinen Zweck.

🤚   Es gibt ökologisch ausgerichtete Campingplätze, bei denen Sie den Tank nicht ausleeren dürfen, wenn Sie Chemie zugefügt haben. Erkundigen Sie sich am besten vor der Anfahrt nach den genauen Bestimmungen, wenn Sie sich für einen solchen Platz entschieden haben.

SOG-Entlüftungsanlage

Die Firma SOG-Dahmann hat ein sehr nützliches Zubehör entwickelt. Dabei handelt es sich um eine Entlüftungsanlage, die völlig ohne Chemie die Toilette geruchsfrei hält. Außen ist ein Kohlefilter eingebaut, der auch verhindert, dass Gerüche ins Vorzelt geblasen werden. Wenn der Kassettentank geöffnet wird, beginnt ein kleiner Ventilator zu laufen und fördert die Gerüche durch den Filter nach draußen. Dabei wird noch viel Sauerstoff in die Kassette geleitet, der eine schnellere Zersetzung der Fäkalien fördert. Die Kosten für so eine Anlage liegen bei € 110. Es gibt Bausätze für die verschiedenen Toilettensysteme, der Einbau ist für handwerklich geschickte Bastler kein großes Problem. Wir haben einmal eine Entlüftungsanlage in eine Thetford-Kassettentoilette eingebaut.

Einbau SOG

Dies sind die Einzelteile des SOG (Bild 1). Unten rechts ist der Mikroschalter, der die Anlage einschaltet, links auf dem weißen Deckel liegt der Ventilator.

Als Erstes öffnen Sie die Außenklappe und entnehmen die Kassette.
Nun werfen Sie einmal einen Blick in die
„Kammer des Schreckens" (Bild 2). Die
unteren beiden Abdeckplatten werden
später herausgenommen. Hier verlaufen
die Absaugrohre. In der Mitte links
befindet sich der Hebel, der die Kassette öffnet. Dort wird der Mikroschalter
montiert.

Schieben Sie nun die Kassette wieder an Ihren Platz und übertragen Sie
das Maß der Oberkante der Kassette auf die Klappe (Bild 3). Wir haben dafür
einen Winkel benutzt.

In der Mitte der Klappe, 3 cm über der Oberkante der Kassette, bohren Sie nun ein Loch. Sie können dafür eine einfache Lochsäge benutzen, die Sie für ein paar Euro im Baumarkt erwerben können (Bild 4).

Bohren Sie erst mit einem Bohrer, der etwas kleiner als der Zentrierbohrer der Lochsäge ist, durch die Tür und dann mit der Lochsäge einmal von innen und einmal von außen durch. Anschließend setzen Sie den Lüfter von innen so ein, dass der Stutzen leicht nach oben Richtung Kassette zeigt. Dichten Sie den Ventilator mit Silikon zur Tür hin ab und schrauben Sie ihn fest. Überschüssiges Silikon können Sie mit einem Holzstäbchen entfernen (Bild 5).

Anschließend wird von außen die Kunststoffabdeckung vor das Loch gesetzt, mittig auf die Tür. Auch diese wird mit Silikon zur Tür hin abgedichtet. Auf die Kunststofffläche wird nun der Kohlefilter gesetzt und die Abdeckung von unten verschraubt. Dieser Filter muss einmal jährlich erneuert werden.

Nun bauen Sie den Mikroschalter ein. Der Schraubendreher zeigt den Hebel, der die Kassette öffnet (Bild 6). Links daneben sehen Sie eine Klappe, hinter der die Stromkabel verlaufen. Montieren Sie den Mikroschalter nun so, dass der Schalter in der jetzigen Position des Hebels geschlossen ist, sich

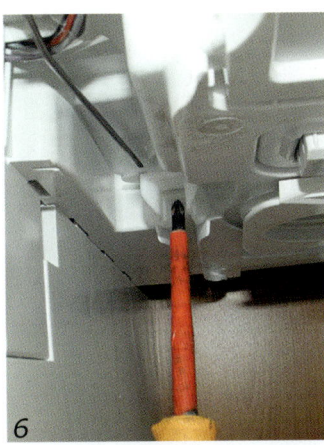

jedoch öffnet, wenn der Hebel bedient wird (Bild 7). Der Mikroschalter wird
nur angeklebt. Säubern Sie vorher mit Reinigungsbenzin die darunterliegen-
de Fläche. Betätigen Sie nun einmal den Hebel und schauen Sie, ob alles
funktioniert.

Als Nächstes suchen Sie an der
Klappe das rote und das schwarze
Kabel heraus. Benutzen Sie die
Stromdiebe (oder auch Kabelab-
zweiger), um Plus und Minus der
Absauganlage anzuschließen
(Bild 8). Legen Sie den Stromdieb
um das Kabel und führen Sie das
Kabel der Absauganlage bis zum
Anschlag in das freie Loch ein.

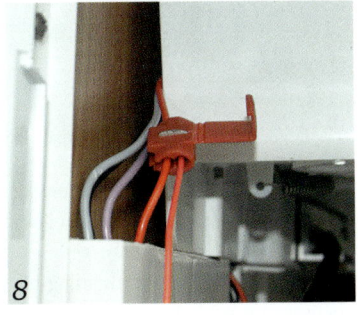

Drücken Sie nun mit einer Zange
die Metallplatte herunter. Dabei sollen beide Kabel durchgequetscht werden.
Nun schließen Sie den Stromdieb und wiederholen den ganzen Vorgang beim
anderen Kabel.

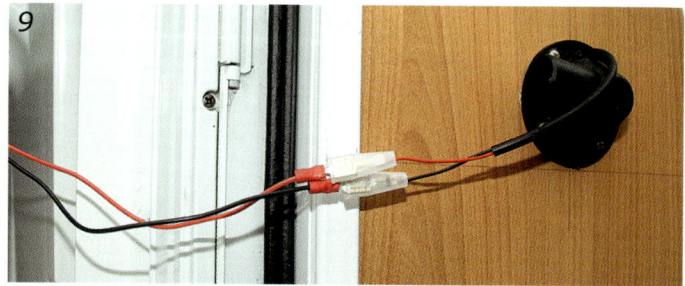

Auf der anderen Seite des Kabels montieren Sie Kabelschuhe und verbin-
den das Kabel mit dem Lüfter (Bild 9). Zum Schluss ziehen Sie die
Plastikabdeckung über die Kabelschuhe, damit es keinen Kurzschluss gibt.

Das überschüssige Kabel rollen Sie zusammen und befestigen es mit den
mitgelieferten Kabelbindern oben links in der Ecke (Bild 10).

Nun zeichnen Sie die Bohrung für das Absaugrohr an (Bild 11). Da die
Lochsäge für beide Bohrungen zu kurz ist, müssen Sie erst einmal vorbohren
und das Loch dann von beiden Seiten schneiden.

Wenn alle drei Löcher durch die untere Wanne gebohrt wurden, muss
noch das Loch vorne durch die Plastikwanne gebohrt werden (Bild 12).

Gehen Sie hierbei sehr vorsichtig vor, da dort wahrscheinlich ein Heizungsrohr verläuft (das braune Wellrohr). Wenn der Zentrierbohrer ein Loch in das Heizungsrohr gebohrt hat, können Sie dieses mit

Silikon wieder verschließen. Drücken Sie das Wellrohr etwas zusammen, damit der Stutzen in das Loch passt.

Nun montieren Sie das Absaugrohr mit der Moosgummidichtung in das Loch für den Überlauf und setzen die hintere Platte wieder ein (Bild 13). Vorne setzen Sie den Winkel in das Loch ein und kürzen den Schlauch auf die passende Länge (sodass Sie den Winkel einsetzen und das Rohr vom Überlauf anschließen können). Der Winkel muss jetzt noch vorne mit den

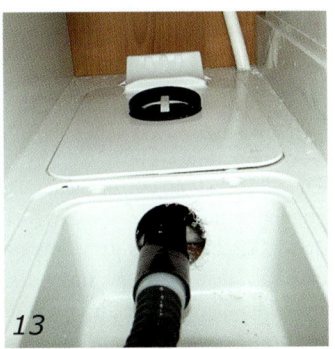

beigelegten Nieten befestigt und die Abdeckplatten wieder in die Kammer eingelegt werden.

Den Absaugschlauch verlegen Sie, wie auf dem Bild (Bild 14) zu sehen ist, und kürzen ihn.

Wenn Sie nun die volle Kassette herausholen wollen, ziehen Sie unten den Schlauch aus dem Stutzen und entnehmen die Kassette. Beim Einsetzen müssen Sie darauf achten, dass die Kabel nicht gequetscht werden. Fertig!

Übrigens sollten Sie das Toilettenpapier nicht in die Kassette, sondern besser in einen Mülleimer oder eine Mülltüte neben dem Klo werfen. Gerade feuchtes Toilettenpapier zersetzt sich nicht so leicht und lässt sich dadurch nicht so einfach aus der Kassette entfernen. Es gibt zwar spezielles Toilettenpapier, das besonders leicht löslich ist, dieses kostet aber recht viel: 4 Rollen etwa € 3,50.

In südeuropäischen Ländern ist es in Ferienwohnungen oder älteren Hotels auch oft üblich, das Toilettenpapier nicht mit hinunterzuspülen. Vielleicht haben Sie es dort schon kennengelernt, dann ist diese Vorgehensweise für Sie nicht ganz so ungewöhnlich.

Für Wohnwagen ohne eingebaute Kassettentoilette gibt es die Möglichkeit, ein Porta Potti mitzunehmen. Dies ist eine Kassette mit aufgesetzter Toilettenbrille und einem kleinen Frischwassertank. Das Wasser wird mittels eines „Blasebalgs" aus dem Tank unter die Brille befördert. Das Porta Potti kann nach dem Gebrauch unter das Waschbecken oder in eine andere Ecke des Wohnwagens gestellt werden. Wer auch darauf noch verzichten, jedoch nicht ganz ohne Toilette fahren möchte, kann sich noch ein Notklo anschaffen. Dies ist ein stabiler Pappbehälter mit einer auswechselbaren Mülltüte. Die Luxusausführung gibt es auch als stabilen Metallhocker mit Tüte.

Natürlich sollte auch die Toilettenkassette zwischendurch und vor allem nach der Saison gründlich gereinigt und desinfiziert werden. Auch dafür gibt es spezielle Reiniger (z.B. Multisan Toilettenclean, ca. € 11). Eine Flasche reicht in der Regel für die Reinigung von Toilette und Abwassertank.

Wer sich einen gebrauchten Wohnwagen anschafft und seine Toilette erneuern möchte, sollte sich einmal beim Hersteller nach sogenannten Refresher-Sets umschauen. Diese aus Brille und Kassette bestehenden Sets werden z.B. von der Firma Thetford für verschiedene Modelle angeboten. Die Kosten belaufen sich auf ca. € 120 (je nach Modell).

Die Gasanlage

Arbeiten an der Gasanlage sollten nur von Fachleuten vorgenommen werden. Nach jeder Arbeit an der Gasanlage ist eine Druckprüfung vorzunehmen, die Sie bei einem autorisierten Caravan-Händler durchführen lassen sollten. Außerdem sollte jährlich eine erneute Gasprüfung vorgenommen werden. Im Anschluss erhalten Sie eine Plakette, auf der steht, wann die nächste Prüfung fällig ist. Einige Campingplatzbesitzer schreiben in ihren AGB vor, dass nur Wagen mit gültiger Gasprüfung auf dem Campingplatz geduldet werden. Dies ist keine Schikane, sondern dient der eigenen Sicherheit.

Gasleitungen werden in der Regel aus Stahlrohr verlegt. Der Durchmesser beträgt 8 oder 10 mm. Für die Verbindung gibt es Winkel, Kupplungen oder T-Stücke. Diese Formteile besitzen konische Schneidringverschraubungen. Der Konus sorgt für die Dichtheit und der Schneidring verhindert das Herausrutschen des Rohres aus der Verschraubung.

Bevor Sie sich Gedanken über den Austausch oder die Neuanschaffung eines Gasgerätes machen, müssen Sie erst feststellen, wie viel mbar der Arbeitsdruck Ihrer Gasanlage beträgt. Dazu hilft ein Blick auf den Druckminderer, der sich im Flaschenkasten befindet. Früher gab es in Deutschland fast ausschließlich 50-mbar-Anlagen, während es in den meisten anderen europäischen Ländern nur 30 mbar waren. Inzwischen schwenken aber auch immer mehr deutsche Hersteller auf 30 mbar um. Die meisten Gasgeräte gibt es für beide Druckvarianten.

Das Gas erhalten Sie in jedem Baumarkt oder bei einem Caravanhändler. Für die Erstausstattung müssen Sie sich Gedanken über die Größe und Anzahl der Gasflaschen machen. Üblich sind 5- oder 11-kg-Flaschen, die Sie einmalig kaufen müssen. Wenn Sie dann neues Gas brauchen, geben Sie einfach Ihre leere Gasflasche ab und bekommen eine gefüllte zurück. Bezahlen müssen Sie dann nur das Gas. Es gibt auch die Möglichkeit, rote Pfandflaschen zu leihen. Diese können aber nur bei den Vertriebsstellen des entsprechenden Herstellers getauscht werden. Sie können also nicht im Urlaub „mal eben" im nächsten Baumarkt ausgewechselt werden.

Am üblichsten sind graue Stahlflaschen. Die 11-kg-Gasflasche hat ein Leergewicht von ca. 10,5 kg. Das genaue Gewicht sollte auf der Gasflasche als „Tara" aufgedruckt sein. Eine 5-kg-Gasflasche hat ein Leergewicht von ca. 6,5 kg. Als Alternative werden auch 11-kg-Aluflaschen angeboten, die leer nur 6 kg wiegen. Diese können jedoch meistens nicht in Baumärkten getauscht werden. Während Stahlflaschen ab ca. € 40 zu haben sind, kosten Aluflaschen ca. € 120. Wenn man das noch mal zwei rechnet (in der Regel ist man mit zwei Gasflaschen unterwegs), kommt da schon ein großer Preisunterschied zusammen. Dafür ist das Beladen mit Aluflaschen aber rückenschonender.

Wenn Sie im Sommer im Ausland campen wollen und nicht jeden Abend heizen müssen und zur Zubereitung der warmen Mahlzeiten auch mal einen Grill einsetzen, sollten Sie mit zwei vollen 11-kg-Flaschen für Kochen und Kühlschrank drei Wochen lang bequem auskommen. Da kann an dem ein oder anderen kühlen Abend auch die Heizung angeworfen werden und es reicht immer noch.

Sollte der Gasverbrauch unerwartet hoch gewesen sein, ist es oft schwierig, Gasflaschen im Ausland zu füllen oder zu tauschen, da jedes Land sein eigenes System hat und es keine einheitlichen Flaschenanschlüsse gibt. Im Handel werden zwar sogenannte Eurosets angeboten, diese passen aber auch nicht für alle europäischen Länder. Meistens müssen Sie dann vor Ort eine neue Flasche mit einem für die Flasche passenden Druckminderer kaufen. Dies kann natürlich ein großes Loch in die Urlaubskasse reißen. Auf keinen Fall sollten Sie weitere Gasflaschen im Zugfahrzeug oder im Wohnwagen bunkern. Das ist verboten und kann bei einem (auch nur kleinerem) Unfall zu einer Katastrophe führen.

Viel sinnvoller ist es, ein paar Fleecedecken für den kühleren Abend einzupacken und den Kühlschrank auf Campingplätzen mit 220-Volt-Stromversorgung auf Strom umzustellen, um dadurch Gas zu sparen.

Wenn Sie den Kühlschrank während der Fahrt in den Urlaubsort mit Gas betreiben wollen, damit die Lebensmittel nicht warm werden, muss ein Crashsensor eingebaut werden, der im Falle eines Unfalls die Gasversorgung schließt und ein Austreten von Gas verhindert. Bei Neuwagen sollte von vornherein dieses sinnvolle Zubehör eingebaut werden. Die MonoControl von Truma ist eine der am weitesten verbreiteten und kostet ca. € 100. Sie enthält neben dem Crashsensor auch den Druckminderer und eine Schlauchplatzsicherung (am Schlauchende) am Anschluss an der Gasflasche. Wenn Sie planen, im Ausland die dortigen Gasflaschen einzusetzen (zum Beispiel beim Wintercamping), können Sie für die MonoControl für das jeweilige Land passende Anschlussschläuche kaufen und brauchen nicht den kompletten Druckminderer auszuwechseln. Das System gibt es auch als Luxusvariante DuoControl. Diese schaltet automatisch von der leeren auf die volle Flasche um.

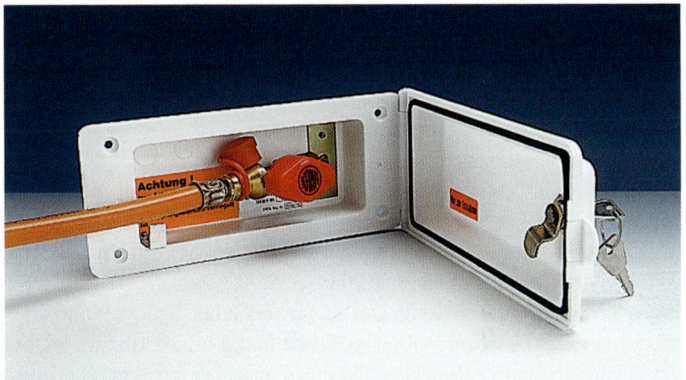

📷 Reich GmbH   *Praktisch: Außenklappe mit Gasanschluss*

Wenn Sie einen Gasgrill oder einen zusätzlichen Gaskocher im Vorzelt einsetzen möchten, können Sie sich eine Klappe mit einem Gasanschluss einbauen (lassen). An diesen Anschluss können Sie dann den Grill oder Kocher direkt anschließen und müssen nicht immer die Gasflasche abschrauben und aus dem Staukasten schleppen, wenn gegrillt werden soll. Sie sollten nur darauf achten, dass der Grill oder Kocher den gleichen Gasdruck wie der Wohnwagendruckminderer hat. Eventuell müssen nur die Gasdüsen getauscht werden und das Gerät funktioniert auch bei dem anderen Druck. Bei Bedarf fragen Sie am besten den Hersteller, ob das möglich ist und wo Sie die Ersatzteile beziehen können. Damit der Grill oder Kocher nicht zu nah am Wohnwagen oder Vorzelt steht, sollte auch der Gasschlauch nicht zu kurz sein. Ihr Caravanhändler kann Ihnen den Schlauch in beliebiger Länge anfertigen, wenn Sie im Zubehörshop nichts Passendes finden. Auch im Sanitärfachhandel werden solche Schläuche angeboten. Auf keinen Fall sollten Schläuche mit Schlauchschellen oder Kabelbindern selbst verbunden werden. Die Anschlüsse müssen immer fest verpresst werden, das kostet nur ein paar Cent, die Ihnen Ihre Sicherheit wert sein sollte.

Zu jeder Gasanlage gehört auch ein Block mit verschiedenen Ventilen. Dieser befindet sich meistens mit im Küchenblock und sollte immer leicht erreichbar sein. Für jedes Gasgerät und jeden Anschluss ist ein eigenes beschriftetes Ventil vorhanden. So kann das Gas für jedes Gerät einzeln abgesperrt werden. Dies hat den Vorteil, dass z.B. bei einer Reparatur oder einem Defekt nicht die ganze Gasanlage abgesperrt werden muss, sondern nur das defekte Gerät abgeklemmt wird.

Wenn die Gasflasche getauscht werden muss, gehen Sie folgendermaßen vor:

1. Drehen Sie die leere Gasflasche zu. (Es ist immer noch etwas Restgas in der Flasche, das sonst austritt.)

2. Lösen Sie die Überwurfmutter am Flaschenventil. Bedenken Sie dabei, dass das Flaschenventil Linksgewinde hat, d.h., die Überwurfmutter muss eigentlich „festgedreht" werden, damit sie sich löst. Die Überwurfmutter sollte nur mit der Hand festgeschraubt worden sein und sollte sich auch so wieder lösen lassen, benutzen Sie nur im Notfall eine Zange. Eventuell hilft es etwas, wenn Sie den Druckminderer oder die Schlauchbruchsicherung, die an der Überwurfmutter montiert ist, mitdrehen.

3. Schrauben Sie die schwarze Schutzmuffe wieder auf das Flaschengewinde und stecken Sie die rote Schutzkappe wieder auf das Flaschenventil.

4. Nehmen Sie bei der vollen Flasche die rote Schutzkappe herunter und lösen Sie die schwarze Schutzmuffe am Flaschenventil. Die Kappe bitte nicht entfernen, sondern am Flaschenhals hängen lassen. Nun schauen Sie sich einmal die Dichtung am Flaschenventil an und ach-

ten auf Beschädigungen. Sollten welche sichtbar sein oder die Dichtung ganz fehlen, dürfen Sie auf keinen Fall die Flasche anschließen, sondern sollten zum Händler gehen und reklamieren. (Am besten überprüfen Sie das schon beim Kauf.)

5.   Nun schrauben Sie wieder die Überwurfmutter auf das Flaschenventil (Achtung, wieder Linksgewinde!). Achten Sie darauf, dass der Schlauch weder geknickt noch verdreht wird. Die Überwurfmutter drehen Sie mit der Hand fest an, verwenden Sie möglichst kein Werkzeug.

6.   Drehen Sie die volle Flasche auf und drücken Sie den grünen Knopf an der Schlauchplatzsicherung, damit der Gasfluss freigegeben wird.

7.   Sprühen Sie mit dem Gasleck-Suchspray (Caravanhandel oder Baumarkt) alle Verschraubungen im Gaskasten reichlich ab. Bei Undichtigkeit treten Blasen an den Verschraubungen auf. Dann müssen die Verschraubungen mit dem passenden Werkzeug nachgezogen werden. Anschließend sprühen Sie die Verschraubungen erneut ab, bis keine Blasen mehr sichtbar sind. Nehmen Sie auf gar keinen Fall eine undichte Gasanlage in Betrieb. Bitten Sie bei Problemen eventuell die Nachbarn um Hilfe oder fragen Sie den Platzwart.

8.   Wenn alles dicht ist, sollten Sie die Gasanlage kurz entlüften, am besten am Herd (bis Gas kommt). Anschließend nehmen Sie alle Gasgeräte in Betrieb. Eventuell muss ein Gerät mehrmals eingeschaltet werden oder der Entstörknopf gedrückt werden, weil noch Luft in der Leitung war (Bedienungsanleitung lesen!).

Wenn kein Gas ankommt, hilft es meistens weiter, die folgenden Fragen durchzugehen:

▷   Wurde die Flasche richtig aufgedreht?
▷   Ist der Gasschlauch vielleicht geknickt?
▷   Wurde die Schlauchbruchsicherung (grüner Knopf) gedrückt?
▷   Ist die Gasflasche voll?
▷   Ist der Verteiler am Küchenblock geöffnet?

Um herauszufinden, wie viel Gas noch in der Flasche ist, werden im Caravanhandel verschiedenste Geräte angeboten. Es gibt Geräte, die per Ultraschall feststellen, wie viel Gas noch enthalten ist. Dabei wird das Gerät

Gasflaschen-Inhaltsanzeiger

an die Flasche gehalten und mittels Knopfdruck wird ein kurzer Schallstoß abgegeben. Wenn nun die Kontrollleuchte angeht, ist bis zu diesem Punkt noch Gas in der Flasche. Ansonsten setzen Sie das Gerät etwas tiefer an und drücken erneut. Achten Sie dabei darauf, dass das Gerät nicht auf Schweißstellen angesetzt wird.

Andere Geräte setzt man oben auf die Flaschenrundung und eine digitale Anzeige zeigt an, wie viel Gas noch in der Flasche ist. Es gibt auch Folien, die an die Flasche gehalten werden und die die Füllstandshöhe anzeigen.

Wir benutzen eine Kofferwaage. Das ist ein Griff mit einer digitalen Anzeige und einem Gurt. Der Gurt wird am Griff der Gasflasche befestigt und die Flasche kurz angehoben. Dabei lesen wir das Gewicht der Flasche ab, ziehen das aufgedruckte Leergewicht ab und haben die exakte Füllmenge der Flasche.

Diese Waage kann man auch benutzen, um alles, was vor der Fahrt in den Wohnwagen geladen wird, einmal zu wiegen. So schützen Sie sich vor Überladung und Geldstrafen.

Die Elektrik

Bei der Neuanschaffung eines Wohnwagens bieten viele Hersteller inzwischen sogenannte Autarkpakete an. Diese enthalten neben einem Wassertank auch eine kleine Batterie und ein Netzgerät, das die Batterie auflädt, sodass Sie auch ein paar Tage ohne Stromanschluss an einem schönen Platz stehen können.

Wer sich für eine Batterie entscheidet, sollte darauf achten, dass der Wohnwagen während der Zeit, in der er nicht benutzt wird, regelmäßig an einen Stromanschluss angeschlossen wird, um eine Tiefentladung der Batterie zu vermeiden. Alternativ kann die Batterie auch ausgebaut und in der Garage oder im Keller aufbewahrt werden (trotzdem an das Ladegerät anschließen). Wer die Batterie ein Jahr lang im Wohnwagen lässt, ohne sie aufzuladen, wird eine tiefentladene Batterie vorfinden, die er dann entsorgen kann. Batterien in Wohnwagen sind für häufige Lade- und Entladevorgänge (sogenannte Zyklen) ausgelegt. Sie kennen keinen Memoryeffekt und besitzen eine geringere Selbstentladung. Trotzdem ist die Batterie nach 6-8 Wochen entladen und muss ans Ladegerät.

Keine gute Idee ist es, eine alte Autobatterie für den Wohnwagen zu benutzen. Autobatterien sind dazu ausgelegt, in kurzer Zeit viel Strom abzugeben, um den Motor zu starten - im Gegensatz zu den Batterien für den Wohnwagen, die ihre Kapazität nur ganz langsam an das Bordnetz abgeben. Der stärkste Verbraucher ist dabei der Kühlschrank, der je nach Größe etwa 40 bis 60 Watt verbraucht.

Diese Leistung entlockt Ihrem Anlasser nur ein müdes Lächeln. Allein in einem Kleinwagen hat der Anlasser bereits 1.000 Watt, in größeren Fahrzeugen zieht er auch gerne bis zu 3.000 Watt, dies aber natürlich nur kurzzeitig.

Die Größe der Batterie wird in Amperestunden (Ah) angegeben. Kleine Batterien gibt es ab ca. 60 Ah. Die gängigsten Modelle haben 85 Ah und sollten auf alle Fälle ausreichend sein, um abends Licht zu haben und den Fernseher laufen zu lassen. Mit Benutzung der Wasserpumpe und kurzem Durchheizen mit Gebläse sollten Sie damit zwei bis drei Tage auskommen. Wenn Sie länger autark stehen wollen, können Sie eine zweite Batterie dazuschalten und verdoppeln damit Ihre Kapazität. Natürlich erhöht sich dadurch auch das Gewicht des Wohnwagens beträchtlich. Immerhin wiegt so eine Batterie zwischen 20 und 30 kg.

Wenn Sie zusätzliche Kabel im Wohnwagen verlegen wollen, achten Sie dabei auf den Querschnitt. Gerade bei Kabeln für 12-Volt-Verbraucher sollte der Querschnitt mindestens 2,5 mm² haben, beim Kühlschrank auch mehr. Für das 220-Volt-Netz reichen Kabel mit 1,5 mm². Alle Kabel sollten spannungsfrei verlegt sein und auch noch etwas Spiel haben, damit sie die

Bewegungen des Aufbaus während der Fahrt ausgleichen können. Achten Sie darauf, dass keine scharfen Kanten die Kabel beschädigen können.

Als Einspeisepunkt für den Ladestrom sollte ein CEE-Stecker dienen. Klappen mit fertig eingebautem Stecker sind bei großen Wohnwagen standardmäßig vorhanden. Falls sie bei Ihrem fehlt, können Sie sie im Caravanhandel erwerben. Zur Verbindung mit dem Stromkasten auf dem Campingplatz benötigen Sie noch ein CEE-Kabel, es sollte 25 m lang sein. Wenn Sie eine Kabeltrommel kaufen, achten Sie darauf, dass das Kabel immer ganz abgewickelt ist. Sonst springt der Schutzschalter in der Trommel heraus und Sie haben keinen Strom mehr.

Klappe mit CEE-Stecker

Für Reisen ins Ausland empfiehlt es sich, noch einen Adapter mit einem Eurostecker zu erwerben, da nicht alle Campingplätze CEE-Steckdosen bereithalten. Nur in Deutschland und in Großbritannien sind diese flächendeckend vorhanden. Trotzdem ist es ratsam, sicherheitshalber immer einen Adapter mitzunehmen.

Für den Anschluss an den Wohnwagen gibt es auch CEE-Kupplungen, die eine Eurosteckdose auf der anderen Seite haben. Dies ist sehr praktisch, wenn man den Stromanschluss an der Seite montiert hat, an der das Vorzelt angebaut werden kann, denn dann hat man sofort einen Stromanschluss im Vorzelt. Betreiben Sie aber nicht zu viele Verbraucher gleichzeitig. Viele Campingplätze, besonders im Ausland, sichern ihre Steckdosen nur mit 6 Ampere ab. Das heißt, dass Ihnen maximal 6 Ampere x 220 Volt = 1.320 Watt zur Verfügung stehen. Wenn der Verbrauch höher ist, fliegt schnell die Sicherung raus und Sie stehen im Dunkeln. Sie sollten also auf den Betrieb von elektrischen Heizstrahlern und großen elektrischen Kochplatten verzichten.

Alternative Energien
Die Sonne anzapfen

Inzwischen sind auch Solaranlagen auf dem Markt, die erschwinglich sind. Durch die Massenfertigung und die starke Konkurrenz aus China hat ein starker Preisverfall im Solarmodul-Markt stattgefunden. Einfache Solaranlagen erhalten Sie bereits ab € 500. Die Leistung wird in Wp (Watt Peak) angegeben. Dies ist weder die Nenn- noch die Maximalleistung, sondern die Leistung, die unter Laborbedingungen mit festen Umgebungstemperaturen und gleichbleibender Bestrahlungsstärke erzielt wurde.

Neben dem Solarmodul benötigen Sie noch einen Solarregler und die passende Batterie. Die Größe der benötigten Solaranlage richtet sich nach Ihrem Stromverbrauch und Ihrem Geldbeutel. Clever Solar z.B. bietet verschiedene Pakete für unterschiedliche Einsätze an:

▷ Komplettset 1 (oder 2) für Licht, Wasserpumpe, Gasheizung und Radio/TV (Einsatzzeit April bis Oktober) enthält 1 Modul mit 100 Wp (1.037 x 527 mm), Montagesatz, Dachdurchführung und Regler. Zusätzlich brauchen Sie noch eine Batterie mit einer Kapazität von ca. 100 Ah. Das Set 2 gibt es mit einem etwas größerem Regler für einen zweiten Batteriekreis

▷ Komplettset 3 für Licht, Wasserpumpe, Gasheizung, Radio/TV und Kompressorkühlschrank (Einsatz ganzjährig) enthält zwei Module mit je 100 Wp und zwei Montagesätze, Dachdurchführung und Regler. Hierfür sollte die Batteriekapazität nicht unter 180 Ah liegen.

Viele Firmen bieten praktische Komplettsets an.   📷 *Büttner*

Natürlich muss auch genügend Platz auf dem Caravan sein, um alles unterzubringen. Außerdem darf das Gewicht der Anlage nicht unterschätzt werden.

Inzwischen werden auch amorphe Zellen (einer Folie ähnlich) angeboten, die sich flexibel der Oberfläche anpassen. Diese können recht einfach, z.B. mit Saugnäpfen, auch an Rundungen angebracht werden, sie sind begehbar und verschwinden während der Fahrt im Stauraum. Vorteile dieser Zellen sind:

▷   geringes Gewicht (ca. 60 % leichter als konventionelle Solarmodule)
▷   Unabhängigkeit vom Einstrahlungswinkel der Sonne
▷   höhere Energieausbeute bei diffusem Licht
▷   geringer Montageaufwand
▷   kein Luftwiderstand während der Fahrt und dadurch weniger Spritver-
      brauch

Außerdem können diese Zellen für andere Zwecke verwendet werden, wenn der Wohnwagen nicht in Betrieb ist. Alternativ können sie auch fest auf dem Wohnwagen verklebt werden. Die Nachteile der amorphen Zellen sind der höhere Preis und der etwa 25 % geringere Wirkungsgrad bei prallem Sonnenschein. Außerdem altern sie schneller als ihre kristallinen Konkurrenten.

Und wenn die Sonne nicht scheint? - Die Brennstoffzelle

Inzwischen haben auch Brennstoffzellen die Serienreife erreicht. Viele Camper schrecken bei dem Thema „Brennstoffzelle" zurück, weil sie noch an Preise jenseits der 5.000-Euro-Marke denken. Doch das hat sich längst geändert. Wenn Sie Ihre Brennstoffzelle gemeinsam mit einer Solaranlage betreiben, reicht oft schon die kleinste Zelle aus. Diese erhalten Sie zu Preisen ab € 2.500 von der Firma Efoy. Sie liefert etwa 80 Ah pro Tag, egal bei welchem Wetter. Als Brennstoff dient Methanol. Zehn Liter kosten ca. € 30. Es werden ca. 0,9 l für die Erzeugung von 1 kWh benötigt.

Bitte machen Sie keine Experimente mit billigerem Methanol, das Sie über das Internet einkaufen! Nur wenn Sie die Original-Tankpatrone verwenden, funktioniert das Gerät einwandfrei. Auch die Garantie bleibt nur dann erhalten.

Grafik: Efoy   *Funktionsweise der Brennstoffzelle*

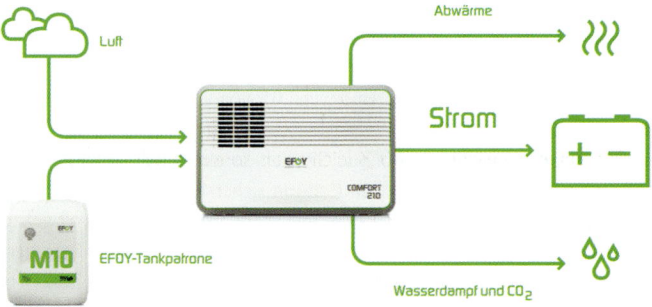

Die Vorteile der Brennstoffzelle liegen klar auf der Hand:

▷   umweltfreundlich, da frei von störenden Emissionen

▷   extrem leise - bei fachgerechtem Einbau hören Sie fast nichts

▷   ganzjährig nutzbar

▷   vollautomatisch und wartungsfrei

▷   Methanol ist in 26 Ländern Europas über das Efoy-Händlernetz problemlos zu beziehen.

▷   Der Betrieb ist absolut geruchsneutral, es treten während des Betriebs keine Alkoholdämpfe aus.

Weitere Infos zum Thema sowie eine exakte Funktionsbeschreibung finden Sie auf der Internetseite der Firma Efoy (💻 www.efoy-comfort.com/de).

Hier finden Sie auch eine kostenlose App mit allen Händleradressen oder eine Karte, auf der alle Händler eingezeichnet sind.

Warum nicht? - Ein Windrad

Wer oft Campingurlaub an der See macht, der weiß, dass dort genügend Wind herrscht. Warum also nicht ein Windrad an den Caravan schrauben und den Wind den Strom erzeugen lassen? Windräder mit einem Rotordurchmesser von 60 cm erzeugen bei Windstärke 6 ca. 0,5 Ah. Ein Windrad kostet ca. € 400, die seewasserfesten Modelle ca. € 600. Zu kaufen gibt es sie bei Marineausrüstern.

Wenn alles nicht ausreicht: Der Generator

Eins vorab: Der Generator hat wegen seiner Lautstärke auf Campingplätzen nichts zu suchen, sondern sollte nur von Campern verwendet werden, die in einsamer Gegend alleine stehen. Und wenn wir von Generatoren reden, meinen wir nicht diese stinkenden Zweitakter, die Sie für € 80 bei eBay kaufen können. Mit diesen Geräten können Sie gerade ein Handy aufladen, aber nicht die Stromversorgung für einen Caravan sicherstellen.

Gute Generatoren kosten € 1.000 und mehr, besitzen einen voll gekapselten Viertaktmotor und erfüllen inzwischen sogar die besonders strengen Abgasnormen aus Kalifornien. Die Geräte haben einen Geräuschpegel von erträglichen 52 bis 57 Dezibel (A) in 7 m Abstand. Wenn man noch etwas weiter entfernt ist, kann man sie selbst in absolut stiller Natur kaum noch hören. Marktführer auf dem Gebiet ist Honda. Das Modell EU 10i hat eine Leistung von 1.000 Voltampere und wiegt 13 kg. Der Tankinhalt von 2,3 l reicht für 4,5 bis 8 Stunden, je nachdem, wie viel Strom benötigt wird. Er kostet ca. € 1.300, also etwa halb so viel wie eine Brennstoffzelle. Dafür haben Sie allerdings einen Benzinmotor im Stauraum, der seinen Duft im ganzen Wohnwagen verbreitet. Das geht auch nicht mit „eben mal lüften" wieder heraus. Packen Sie den Generator nebst Kanister wenn möglich in den Gaskasten. Beachten Sie jedoch die maximale Stützlast.

☺ Strom sparen

Genauso wichtig wie die Erzeugung des Stroms ist auch der sparsame Umgang damit. Die Hersteller sparen, wo sie nur können, und bauen immer noch gerne Halogenlampen ein. Diese sollten Sie auf alle Fälle ersetzen. Wenn Sie abends noch gerne lesen möchten, kann die Batterie sehr schnell in die Knie gehen. Immerhin verbraucht eine Halogenlampe genauso viel Strom wie ein Kompressorkühlschrank. Und wenn vier Lampen an der Sitzecke und zwei Lampen im Raum leuchten, kommen schnell 300 Watt zusammen. Bei 12 Volt macht das in 4 Stunden schon stolze 14,5 Ah. Wenn zusätzlich der Kühlschrank läuft und auch noch das Heizgebläse angeworfen wird, ist die Batterie am nächsten Morgen leer.

Hier lohnt sich allemal die Umrüstung auf sparsame LED-Leuchtmittel. Diese verbrauchen nur 10 % der Energie von Halogenlampen und inzwischen gibt es sie auch schon mit einem recht angenehmen, warm-weißen Licht.

12-Volt-Steckdosen

Leider konnte man sich auch bei den 12-Volt-Steckdosen nicht auf ein einheitliches Maß einigen. Es gibt noch die großen (deutschen) Steckdosen (z.B. Zigarettenanzünder) mit 21 und die kleineren (internationalen) Steckdosen mit 12 mm Durchmesser. Inzwischen bauen die meisten Wohnwagenhersteller nur noch die kleineren internationalen Steckdosen ein. Diese haben den Vorteil, dass der Stecker besser sitzt und ein gleichmäßig guter Kontakt besteht. Dies ist beim herkömmlichen Zigarettenanzünder nicht immer der Fall und durch schlechten bzw. Wackelkontakt können sich die Stecker sehr stark erwärmen. Neuere Geräte mit 12-Volt-Anschluss besitzen meistens einen Stecker mit einem roten Plastikaufsatz vorne. Wenn Sie diesen entfernen, passt der

Mit einem Universalstecker können Sie alle 12-Volt-Anschlüsse nutzen.

Stecker in eine internationale Steckdose, mit Aufsatz in einen Zigarettenanzünder. Für alle anderen Geräte gibt es nur die Möglichkeit, mit einem
Adapter zu arbeiten oder den Stecker auszuwechseln.

In allen Steckern sollten eigentlich auch Sicherungen eingebaut sein. Sollte also ein Gerät einmal nicht funktionieren, überprüfen Sie bitte erst einmal,
ob die Sicherung im Stecker noch in Ordnung ist. Falls sie defekt ist, tauschen
Sie sie bitte nur gegen ein gleich starkes Modell aus.

Ladegeräte ohne 12-Volt-Anschluss

Wer seinen Laptop oder seinen Tablet-PC mit in den Urlaub nimmt, will
natürlich wissen, wie er den Akku im Wohnwagen wieder aufladen kann. Auch
der Akku von Handy oder Digitalkamera wird vermutlich nicht den ganzen
Urlaub lang durchhalten.

Selbstverständlich gibt es die Möglichkeit, vom Hersteller Ladegeräte für
12-Volt-Steckdosen zu kaufen. Dies ist jedoch die teuerste Methode, da die
Ladegeräte bei einem Laptop-Wechsel meistens auch erneuert werden müs-

sen. Viele Smartphones und Tablet-PC werden inzwischen über einen USB-Stecker aufgeladen. Hierfür gibt es im Zubehörhandel die passenden Steckdosen zu kaufen, die problemlos an das Bordnetz angeschlossen werden können. Wer 230-Volt-Steckdosen benötigt, kann sich sogenannte Wechselrichter kaufen. Diese werden an eine 12-Volt-Steckdose angeschlossen und wandeln den Strom in 230-Volt-Wechselstrom um. Sie sollten jedoch darauf achten, dass das Gerät auch über eine entsprechende Leistung verfügt. Die Kosten liegen bei mindestens € 200. Um Schäden an den angeschlossenen Geräten zu vermeiden, sollten Sie noch darauf achten, dass die Geräte eine reine Sinusspannung erzeugen und keine modifizierte. Nur bei einer reinen Sinusspannung ist eine gleichmäßige Stromversorgung gewährleistet.

Wenn Sie auf einem Campingplatz stehen und festen Stromanschluss haben, können Sie natürlich einfach Ihre normalen Ladegeräte benutzen.

Der Kühlschrank

In Wohnwagen werden zwei verschiedene Kühlschranktypen eingebaut. Kleinere Kühlschränke arbeiten oft nach dem Kompressionsverfahren, größere nach dem Absorptionsverfahren. Absorberkühlschränke funktionieren mit Gas und Strom, Kompressorkühlschränke nur mit Strom.

Der Kompressorkühlschrank

Kühlschränke, die nach dem Kompressionsverfahren arbeiten, benutzen meistens das Kältemittel Freon (CF2C12). Der Verdampfer befindet sich im Inneren des Kühlraums, im Verdampfer ist das flüssige Kältemittel. Dieses nimmt die Wärme im Kühlraum auf und wird dabei gasförmig, im Kühlschrank wird es kalt. Der Kompressor, der sich außerhalb des Kühlraums befindet, saugt das gasförmige Kältemittel an und befördert es in den Kondensator. Dieser befindet sich auf der Rückseite des Kühlschranks. Er hat zahlreiche Kühlrippen, die bei Betrieb warm werden. Das Kältemittel kann aus dem Kondensator nur über ein sehr dünnes Kapillarrohr entweichen, durch das der Kompressor es hindurchpresst. Durch den hohen Druck wird das Kältemittel erwärmt. Weil die Kühlrippen nun kälter sind als der Dampf, kommt es zu einer Kondensation und der Dampf wird flüssig. Die dabei frei werdende Wärme wird über die Kühlrippen an die Umgebung abgegeben. Nachdem das nun flüssige Kühlmittel durch das Kapillarröhrchen gedrückt wurde, wird es in ein größeres Rohr geleitet. Dadurch nimmt die Temperatur stark ab und das Kältemittel gelangt, mit niedrigem Druck, wieder in den Verdampfer. Der Kreislauf beginnt von Neuem. Dies wiederholt sich so oft, bis das Thermostat im Kühlschrank den Kompressor ausschaltet. Wenn der Kompressor läuft, erkennen Sie dies an einem leisen Summen.

Der Absorberkühlschrank

Das gebräuchliche Kältemittel für Absorberkühlschränke ist Ammoniak (NH3), das von Wasser leicht aufgenommen (absorbiert) wird.

Wie beim Kompressorkühlschrank gelangt das Kältemittel in flüssigem Zustand in den Verdampfer, in dem sich das „Hilfsgas" Wasserstoff befindet. Hier erreicht das Ammoniak den zum Verdampfen erforderlichen geringen Druck, dem Kühlraum wird nun Wärme entzogen. Der Absorber enthält Wasser, das die Eigenschaft besitzt, gasförmiges Ammoniak aufzunehmen. Dieses Wasser saugt den Ammoniakdampf aus dem Verdampfer. Dadurch kann dort weiteres Ammoniak zu Gas werden und es wird kalt im Kühlschrank. Das ammoniakhaltige Wasser wird nun in einen „Kocher" geleitet. Hier wird es mittels einer elektrischen Heizung (wenn der Kühlschrank über Strom läuft) oder einer Gasflamme (wenn der Kühlschrank über Gas läuft) verdampft. Der Gasbrenner ist mittig unter dem Kocher angebracht.

🖑   Wenn der Wohnwagen vorn oder hinten höher steht, schlägt die Gasflamme nur an den vorderen bzw. hinteren Bereich des Kochers an und kann nicht so effektiv heizen. Deshalb ist es wichtig, den Wohnwagen immer möglichst gerade auszurichten.

Das gasförmige Ammoniak wird nun in den Kondensator geleitet und das vom Ammoniak befreite Wasser läuft in den Absorber zurück. Auch hierfür ist es wichtig, dass der Wagen gerade steht, da Wasser in den seltensten Fällen bergauf läuft. Im Kondensator gibt das erhitzte Ammoniak seine Wärme über die Kühlrippen an die Umgebung ab und gelangt anschließend wieder in den Verdampfer, wo der Kreislauf erneut beginnt. Sollte der Kühlschrank nicht ausreichend kühlen, überprüfen Sie am besten als Erstes, ob der Wohnwagen richtig ausgerichtet ist.

📷 *Dometic WAECO*   *Typischer Wohnwagenkühlschrank*

Bei hohen Umgebungstemperaturen (über 30°C) sollte - egal welcher Kühlschranktyp - zusätzlich Frischluft an die Kühlrippen gebracht werden. Dazu können von innen Lüfter an die Belüftungsschlitze montiert werden, die einen Wärmestau verhindern.

Absorberkühlschränke haben den Nachteil, dass sie etwa dreimal so viel Energie benötigen wie Kompressorkühlschränke. Dafür funktionieren sie allerdings mit unterschiedlichen Energieformen. Je nach Größe haben sie zwischen 100 und 170 Watt. Der Gasverbrauch liegt zwischen 18,5 und 22 g/h, kleine Kühlschränke kommen auch mit 15 g/h aus. Einen mittelgroßen Absorberkühlschrank können Sie also ca. drei Wochen lang mit einer 11-kg-Gasflasche kühlen. Aufgrund des hohen Stromverbrauchs empfiehlt es sich nicht, während der Fahrt den Kühlschrank auf 12 Volt zu betreiben, auch nicht, wenn die Batterie über die Lichtmaschine nachgeladen wird. So viel Energie erzeugt die Lichtmaschine nicht und die Bordbatterie ist bei der Ankunft leer. Wenn Sie eine MonoControl-Gasarmatur eingebaut haben, können Sie den Kühlschrank auch während der Fahrt auf Gasbetrieb laufen lassen. Je nachdem wie der Wind steht, sollten Sie jedoch gelegentlich kontrollieren, ob die Gasflamme noch brennt.

Auf Fähren muss die Gasflasche grundsätzlich zugedreht werden und ein Kühlen mit dem Absorberkühlschrank ist nicht möglich. Wenn Sie z.B. frischen Fisch aus Skandinavien mitbringen wollen, sollten Sie in eine Kompressorkühlbox investieren, die Sie während der Überfahrt laufen lassen können. Auf manchen Fähren (z.B. auf denen der norwegischen Color Line) gibt es auch die Möglichkeit, Kühlboxen oder Tiefkühlfächer zu mieten. Erkundigen Sie sich vor der Abfahrt bei Ihrer Fährgesellschaft, wie es dort ist.

Die Heizung

Seit 1961 wird in fast alle Wohnwagen, die eine Heizung haben, die Trumatic von Truma eingebaut. An der Technik hat sich seitdem nicht viel geändert. Die Luft, die zur Verbrennung notwendig ist, holt sich die Heizung durch einen Ausschnitt im Fußboden von außen, die verbrannte Luft wird über einen Metallschlauch über das Dach wieder hinausgeleitet. Somit strömen während des Betriebs keine Abgase in den Raum und es wird dem Wohnraum auch keine Verbrennungsluft entzogen. Wenn es trotzdem, gerade am Anfang des Betriebs, etwas komisch riecht, liegt es daran, dass der Staub, der auf den Heizrippen liegt, verbrennt. Das legt sich aber nach kurzer Zeit wieder.

Während das Gas-Luft-Gemisch früher durch eine Zündflamme entzündet wurde, geschieht dies heute durch eine elektrische Zündung mit einer 1,5-Volt-Batterie.

Die Heizung gibt es in zwei Leistungsstufen. Die S3004 hat 3.500 Watt, die S5004 6.000 Watt. Der Gasverbrauch der Trumatic 3004 liegt zwischen 30 und 280 g/h und der der Trumatic 5004 zwischen 60 und 480 g/h. Für die große Trumatic gibt es als Zubehör auch eine Abdeckung, die ein Kaminfeuer simuliert. Da wird es erst richtig gemütlich.

Geregelt wird die Heizung über einen eingebauten Thermostat. Damit Sie die Heizung auch im Dunkeln bedienen können, hat die neueste Generation

einen Berührungssen-
sor, der den Bedien-
knopf bei Berührung
beleuchtet und nach
20 Sekunden wieder
abschaltet. Die Hei-
zung ist normalerweise
unter dem Kleider-
schrank eingebaut. Die
Blende mit dem
Bedienknopf steht
außen davor.

📷 *Truma*

Um die Wärme im
Wohnwagen zu vertei-
len, wird hinter die
Trumatic ein Gebläse

Besonders gemütlich:
eine Heizung mit (simuliertem) Kaminfeuer

eingebaut. Daran werden Schläuche angeschlossen, die hinter den Sitzbänken und Stauräumen verlaufen und über Auslassventile die warme Luft im
Wohnwagen verteilen. Am Gebläse befindet sich ein Hebel. Hier können Sie
einstellen, ob mehr warme Luft nach vorne oder nach hinten geleitet werden
soll. Das Gebläse wird mittels eines Thermostats geregelt und benötigt
Strom. Je nach Ausführung gibt es sie mit 12-Volt- oder mit 230-Volt-
Anschluss. Wenn möglich, wählen Sie die 12-Volt-Variante. Die ist zwar
etwas teurer, doch dafür funktioniert sie auch ohne Stromanschluss über die
Batterie. Der Stromverbrauch liegt zwischen 0,2 und 1,2 A und damit im
unteren Bereich.

Für das Trumavent-Gebläse gibt es auch noch ein Komfortpaket mit Air-
mix (ca. € 75 im Zubehörhandel). Dabei wird noch Frischluft von außen
angesaugt, sodass Sie ein besseres Raumklima haben. Im Sommer können Sie
auch auf nur Frischluft umstellen und so am Abend kühlere Luft in den Wohnwagen blasen. Wenn Sie auch Ihr Vorzelt heizen möchten, können Sie noch
ein Zusatzpaket kaufen. Es wird eine Klappe nach außen eingebaut, durch die

das Vorzelt mit warmer Luft versorgt wird. Ein einfaches Ventil regelt die Luft-
zufuhr.

Wenn Sie einen Crashsensor in der Gasversorgung haben, können Sie die
Heizung auch während der Fahrt betreiben und der Wohnwagen ist (besonders im Winter) kuschelig warm, wenn Sie am Campingplatz ankommen.

Warmwasser

Vielleicht benötigen Sie auch warmes Wasser im Wohnwagen. In diesem Fall
können Sie die Heizschläuche, die die warme Luft im Wohnwagen verteilen,
durch eine Truma-Therme hindurchleiten. Das ist ein runder Edelstahl-Behäl-
ter mit 5 l Inhalt. Natürlich wird das Wasser damit nicht richtig heiß. Es ist
zwar ein zusätzlicher elektrischer Heizstab eingebaut, dieser hat jedoch auch
nur 300 Watt und es dauert ca. 1 Stunde, bis er die 5 l Wasser auf 50 °C
aufgeheizt hat.

Ein Boiler der Firma Truma

Wenn Sie im Wohn-
wagen duschen möch-
ten, kommen Sie um
die Anschaffung eines
zusätzlichen Boilers
nicht herum. Die gas-
betriebenen Modelle
gibt es mit 10 bzw.
14 l Inhalt, sie sind für
eine Dusche völlig aus-
reichend. Die Boiler
gibt es ab ca. € 650
im Zubehörhandel.
Dazu müssen Sie noch
die Montage rechnen.
Es muss eine Gaslei-
tung verlegt werden
und für das Abgas und
die Verbrennungsluft

muss ein Loch in die Außenwand geschnitten werden. Bis die 10 l auf 70°C aufgeheizt sind, dauert es ca. 30 Minuten. Der Verbrauch liegt bei 120 g/h.

Die Boiler gibt es auch mit elektrischem Anschluss oder als Kombigerät mit Strom und Gasanschluss. Wenn Sie immer ausreichend Strom haben, können Sie auch die Elektrovariante wählen. Der Heizstab hat 850 Watt und benötigt 70 Minuten, um das Wasser auf 70°C zu erwärmen. Sie sparen sich so die etwas aufwändige Installation des Gasboilers.

Wenn Sie mit dem Gedanken spielen, sich einen neuen Wohnwagen zuzulegen, können Sie auch die eher aus Wohnmobilen bekannten Truma-Combi-Modelle direkt ab Werk einbauen lassen. Hier haben Sie Heizung und Warmwasserboiler in einem Gerät. Die Modelle gibt es mit 4.000 oder 6.000 Watt Heizleistung und sie kosten mindestens € 1.650. Die Geräte haben drei Heizstufen. Der Gasverbrauch liegt bei 160 g/h bei Stufe 1 bzw. 320 g/h oder 480 g/h bei den Stufen 2 und 3.

Bedienung

Bedient werden die Heizungen mithilfe eines Bedienpanels. Hier können Sie mit einem Drehschalter die Temperatur einstellen und eventuell das Gebläse ein- und ausschalten und die Drehzahl regeln. Zusätzlich wird Ihnen noch angezeigt, ob das Gerät in Betrieb ist oder Störungen vorliegen. Wenn die Störungslampe leuchtet, sollten Sie als Erstes prüfen, ob die Gasflasche aufgedreht ist und ob sich auch noch Gas in der Flasche befindet, danach das Gerät einmal neu starten. Der Boiler und die Combitherme reagieren auch auf Schrägstand des Wohnwagens allergisch. Eventuell muss also auch der Wagen besser ausgerichtet werden.

Die Trumatic wird direkt am Gerät geregelt.

Anzeigegeräte

Neben dem Bedienungspanel der Heizungsanlage gibt es im Wohnwagen auch noch andere Anzeigegeräte. Sinnvoll ist es, wenn der Hersteller alle an einen Platz gebaut hat und Sie nicht den ganzen Wohnwagen nach den verschiedensten Anzeigen absuchen müssen. Achten Sie bei der Übergabe des Wagens darauf, dass Ihnen die Anzeigen gezeigt und erklärt werden. Folgende Anzeigen sind sinnvoll:

▷ Wasserstandsanzeige des Frischwassertanks. Die Anzeige erfolgt nor-
    malerweise in 5 Stufen von leer bis voll.

▷ Ladezustand der Batterie (12 Volt ist fast leer, 14 Volt ist voll)

▷ Stromverbrauch in Ampere (damit können Sie berechnen, wie lange
    Sie noch Strom haben)

▷ Wenn Sie einen eingebauten Abwassertank haben, sollte auch der ein
    Anzeigegerät besitzen.

▷ Füllstandsanzeige der Toilettenkassette (befindet sich meistens direkt
    an der Brille). Bei Thetford-Toiletten finden Sie hier eine farbige LED-
    Anzeige. Grün ist okay, bei Gelb passen maximal noch ein bis zwei
    Toilettengänge hinein und bei Rot läuft der Tank schon fast über. Hier
    könnte man sich auch einmal etwas anderes einfallen lassen bzw. den
    gelben Sensor bereits bei einer ¾-Füllung anspringen lassen.

Kontrollpanel im Retro-Design

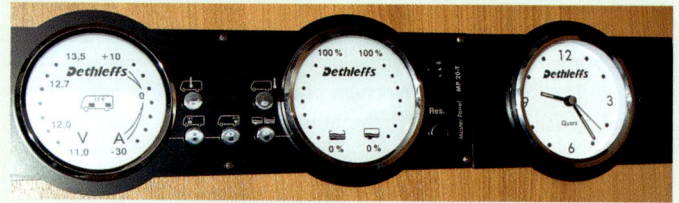

Fernseher und Satellitenanlage

Wer auch im Urlaub die Olympischen Spiele, die Fußball-WM bzw. -EM oder
einfach die heimischen Nachrichten sehen möchte, muss sich über die
Anschaffung eines Fernsehers Gedanken machen. Ob Sie diesen Fernseher
beim Caravanhändler oder beim Discounter erwerben, bleibt Ihnen überlas-
sen. Ein paar Hinweise zur Wahl des Modells finden Sie bereits im Kapitel
☞ Die Möbel/Fernseher. Wichtig ist zudem noch die Voltzahl: Falls Sie
davon ausgehen, dass Sie nur auf Campingplätzen mit festem Stromanschluss
stehen werden, müssen Sie beim Stromanschluss nichts beachten, ansonsten
sollten Sie ein Modell wählen, das mit 12 Volt läuft.

Die Gesamtleistung sollte in jedem Fall 40 Watt nicht übersteigen, LED-Fernseher sind in der Regel etwas sparsamer als LCD-Fernseher. Je weniger Strom Sie verbrauchen, desto länger können Sie fernsehen (es sei denn, Sie haben ohnehin einen festen Stromanschluss auf dem Campingplatz). Nichts ist ärgerlicher, als wenn beim Elfmeterschießen der deutschen Mannschaft gegen Italien der Strom zur Neige geht. Wenn Sie in Deutschland Campingurlaub machen, sollte ein DVB-Tuner im Fernseher integriert sein. So kann schnell und ohne große Installation geschaut werden.

Von kleinen, tragbaren Satellitenanlagen aus dem Discounter raten wir ab. Bis Sie damit den Satelliten gefunden haben, ist das Spiel längst vorbei. Wenn Sie lange an einem Ort bleiben, können Sie natürlich auch eine Satellitenanlage aus dem Baumarkt betreiben. Auch hierbei muss darauf geachtet werden, dass der Receiver auf 12 Volt läuft oder dass Sie am Stellplatz 230 Volt haben. Sie können dann z.B. das Stützrad am Wohnwagen herausnehmen und durch eine stabile Eisenstange ersetzen. Auf den Boden legen Sie eine größere Holzplatte, auf der die Deichsel mithilfe der Eisenstange abgestützt wird (☞ Foto S. 63), sodass Sie einen Ersatz für das Stützrad haben. Den Rest der Stange können Sie als Mast für die Satellitenschüssel benutzen.

So geht es auch:
ein kleiner eigener Ständer und
ein langes Antennenkabel

Etwas flexibler sind Sie mit einem separat aufzustellenden Mast. Diesen können Sie - ein entsprechend langes Antennenkabel vorausgesetzt - an eine Stelle setzen, wo der Satellit z.B. nicht von einem Baum verdeckt und besser erreichbar ist. Der Nachteil bei dieser Methode ist allerdings, dass Sie die Schüssel während der Fahrt im Wohnwagen unterbringen müssen.

Alle Abbildungen S. 104/105: Oyster

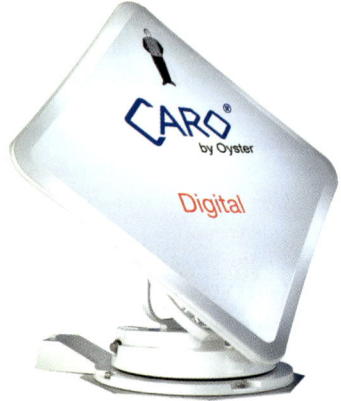

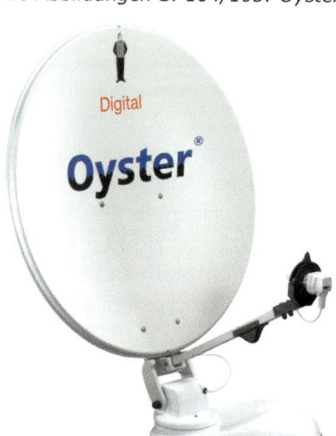

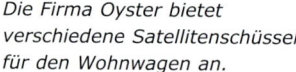

Die Firma Oyster bietet verschiedene Satellitenschüssel für den Wohnwagen an.

Komfortabler sind da fest eingebaute Anlagen. Für Wohnwagen empfehlen wir die Antennenserie CARO vom Spezialisten Oyster. Die Anlage gibt es mit und ohne Receiver. Sie hat einen eingebauten SAT-Finder und wird mittels Kurbelmast kinderleicht ausgerichtet. Üblicherweise montieren Sie Ihre SAT-Anlage auf dem Dach, oberhalb des Kleiderschranks. Im Kleiderschrank befindet sich normalerweise auch der Stromanschluss, sodass die Anlage problemlos angeschlossen werden kann. Wenn Sie den Fernseher an den Kleiderschrank schrauben möchten, können Sie zur Sicherheit für die Halterung von innen eine größere Holzplatte als Gegenstück anbringen, damit der Fernseher nicht abstürzt. Wenn Sie die komplette Installation selbst machen möchten, können Sie dies unter fachkundiger Anleitung direkt beim Hersteller in der Nähe von Pforzheim erledigen. Vereinbaren Sie einfach einen Termin mit der Werkstatt und legen Sie los. Benötigtes Spezialwerkzeug können Sie sich vor Ort ausleihen.

Die CARO hat einen Empfangsbereich von Mittelskandinavien bis ans Mittelmeer. Die Antenne kostet ca. € 750 und wiegt nur 9 kg. Wer eine vollautomatische Anlage haben möchte, muss noch einen Tausender drauflegen,

Bei der Reichweite gibt es große Unterschiede.

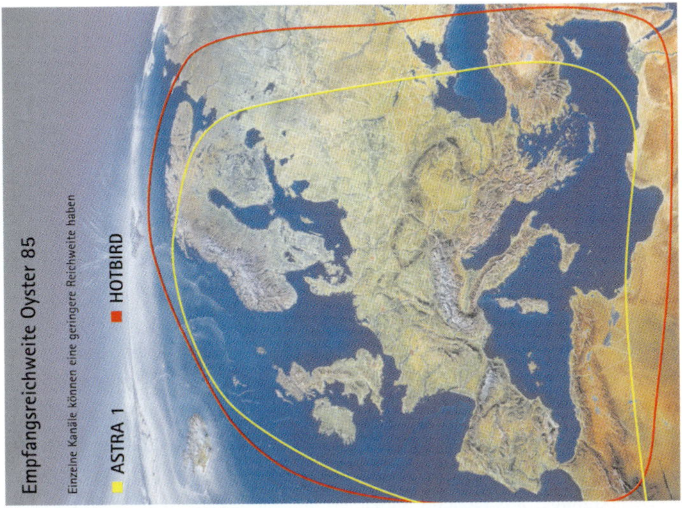

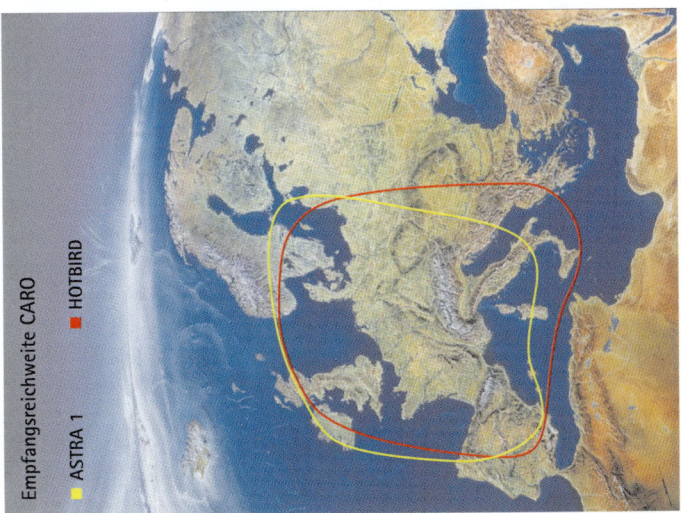

Empfangsreichweite Oyster 85

Einzelne Kanäle können eine geringere Reichweite haben

■ ASTRA 1   ■ HOTBIRD

Empfangsreichweite CARO

■ ASTRA 1   ■ HOTBIRD

und wer höher in den Norden oder tiefer in den Süden fahren möchte, sollte den Kauf einer Oyster 65 bzw. Oyster 85 erwägen. Wenn Sie auf dem Wohnwagen genug Platz haben, nehmen Sie ruhig die 85er. Dann können Sie auch am Nordkap noch die „Klinik unter Palmen" sehen.

Egal für welche Anlage Sie sich entscheiden, Sie haben nur Empfang, wenn Sie freie Sicht auf den Satelliten haben. Wenn Sie direkt vor einem Baum stehen, nützt auch die größte Anlage nichts. Bevor Sie den endgültigen Stellplatz auswählen, sollten Sie deshalb mit einem Kompass einmal die Lage peilen (Richtung Süd-Süd-Ost sollte alles frei sein). Bei der Buchung auf dem Campingplatz kann auch schon ein Hinweis beim Platzwart, dass Sie gerne Satellitenempfang haben möchten, nicht schaden. Er wird Ihnen dann, wenn verfügbar, einen entsprechenden Platz aussuchen.

Es gibt auch Campingplätze, die Satellitenempfang mit anbieten, weil z.B. durch die Lage des Platzes in einem Waldstück kein Empfang möglich ist. Für diese Fälle empfehlen wir, ein Antennenkabel in die Stromanschlussdose zu legen und immer ausreichend Kabel (20 m sollten reichen) im Staukasten zu haben. Von der Stromanschlussdose können Sie dann das Kabel legen, ohne Fenster oder Luken offen lassen zu müssen (Kupplungsstücke nicht vergessen). Dann kommen auch keine Mücken in den Wohnwagen.

Die Anhängersteckdose

Die Anhängersteckdose verbindet das Stromnetz des Zugfahrzeugs mit dem des Wohnwagens. Obwohl bei den meisten Neufahrzeugen eine 13-polige Anhängerkupplung verbaut wird, sind nicht alle Pole belegt. Für die Belegung mit Dauerplus zum Laden der Bordbatterie während der Fahrt muss meistens ein extra Kabelbaum verlegt werden. Bei einigen Fahrzeugen (z.B. von BMW) ist es auch gar nicht möglich, einen zusätzlichen Kabelbaum anzuschließen. Fragen Sie am besten in einer Fachwerkstatt nach und erkundigen sich vor dem Neukauf des Pkw, ob es möglich ist.

Für jeden Pol der Steckdose bzw. des Steckers sollte ein Kabel mit einer speziellen Grundfarbe benutzt werden. Achten Sie auch darauf, dass Kabel

📷 *Fritz Berger*   *13-polige Anhängersteckdose*

für Dauerplus zum Laden der Batterie einen größeren Querschnitt (4 mm²) benötigen, damit das Kabel nicht zu heiß wird. Auch ein Trennrelais sollte im Zugfahrzeug eingebaut werden, damit nicht der Wohnwagen die Starterbatterie leer zieht.

Die Pole bei einem 7-poligen Stecker/Steckdose werden bei einem (deutschen) Fahrzeug nach DIN 72551 folgendermaßen belegt:

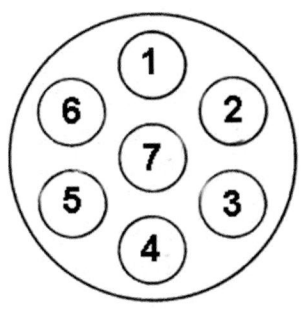

Pol 1: Blinker links (gelb)
Pol 2: Nebelschlussleuchte (blau)
Pol 3: Masse (weiß)
Pol 4: Blinker rechts (grün)
Pol 5: Schlussleuchte rechts
     (braun)
Pol 6: Bremsleuchte - rot

Pol 7: Schlussleuchte links
      (schwarz)

Und bei einer 13-poligen Steckdose:

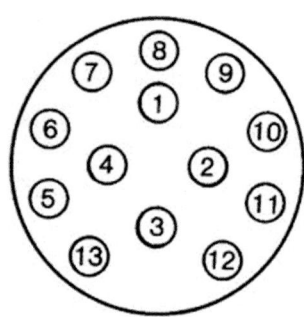

Pol 1: Blinker links (gelb)
Pol 2: Nebelschlussleuchte
      (blau)
Pol 3: Masse für Kontakte 1-8
      (weiß)
Pol 4: Blinker rechts (grün)
Pol 5: Schlussleuchte rechts
      (braun)
Pol 6: Bremsleuchte (rot)
Pol 7: Schlussleuchte links
      (schwarz)
Pol 8: Rückfahrleuchte (grau)
Pol 9: Stromversorgung (braun-blau)
Pol 10: Ladeleitung für Batterie (braun-rot)
Pol 11: frei - -
Pol 12: frei - -
Pol 13: Masse für Kontakte 9-12 (schwarz-weiß)

An die Pole 11 und 12 könnte man z.B. eine Rückfahrkamera anschließen.

🖐   Wie bereits zu Beginn gesagt, sollten Sie Basteleien an der Elektrik
nur dann selbst durchführen, wenn Sie sich wirklich gut auskennen!

Es geht los!

Natürlich wissen Sie zumindest grob, wo es hingehen soll. Für die Feinabstimmung sind Campingführer der Länder/Gegenden eine schöne Sache: Sie zeigen Ihnen, wie groß die Parzellen auf den Plätzen sind, ob es einen Kinderspielplatz und einen Laden gibt, ob Haustiere erlaubt sind und ob eine Entsorgungsstation für Kassettentoiletten vorhanden ist. Auch viele andere Informationen, z.B. zu Öffnungszeiten, Badestrand, Bootsverleih, Pool, Gaststätte, öffentlichen Verkehrsmittel etc., können Sie dort finden.

Sie bekommen diese Führer im Buchhandel, auf Reisemessen, bei Automobilclubs, von Fremdenverkehrsämtern oder bei den örtlichen Tourist-Infos.

Vorbereitung

Zustand von Wohnwagen und Auto prüfen

Einige Tage, bevor es an das Beladen des Fahrzeugs geht, sollte erst einmal der technische Zustand von Zugfahrzeug und Wohnwagen überprüft werden.

Sind/ist beim Wohnwagen
- ☐ TÜV vorhanden? (Der Wohnwagen muss wie ein Pkw alle zwei Jahre überprüft werden.)
- ☐ die Bremsen (Beläge und Scheiben) okay?
- ☐ die Reibbeläge der Anti-Schlinger-Kupplung noch ausreichend (Verschleißanzeige prüfen)?
- ☐ die Reifen nicht älter als 6 Jahre? (Sonst dürfen Sie trotz 100er-Zulassung nur 80 fahren.)
- ☐ das Reifenprofil ausreichend?
- ☐ der Luftdruck okay?
- ☐ die Gasanlage geprüft?
- ☐ das Ersatzrad okay oder ein Pannenset an Bord?
- ☐ die Beleuchtung okay?

Sind/ist beim Zugfahrzeug
- ☐ das Inspektionsintervall eingehalten?
- ☐ TÜV vorhanden?
- ☐ die Bremsen okay?
- ☐ Reifenprofil und Reifendruck okay?

☐   das Ersatzrad oder Pannenset okay?

☐   Öl, Bremsflüssigkeit, Kühlwasser okay?

☐   Scheibenreiniger okay?

☐   ein Warndreieck vorhanden?

☐   der Verbandskasten komplett und nicht überaltert?

☐   Warnwesten dabei?

☐   ein Alkoholtest dabei (für Fahrten in Frankreich vorgeschrieben)?

✋   Wenn Sie einen Heckträger am Wohnwagen haben und nach Italien oder Spanien fahren, benötigen Sie noch eine Warntafel! Sonst wird's teuer. Und wie sollte es anders sein: In jedem Land ist eine spezielle vorgeschrieben, die im anderen nicht zugelassen ist.

Beladen

Rangieren Sie Ihren Wagen zum Beladen am besten vor die Haustür. Nur wenn Sie Stadtbewohner mit schwierigen Parkplatzverhältnissen sind, müssen Sie Ihre Sachen mit dem Pkw zum Stellplatz bringen. Natürlich haben Sie in der Wohnung/Ihrem Haus die Packliste bereits abgearbeitet und alles bereitstehen, die Gasflasche(n) ist/sind idealerweise bereits im Staukasten und voll.

Verschätzen Sie sich beim Beladen nicht mit der Zeit, die Sie benötigen: Obwohl bei uns z.B. immer alle Küchenutensilien, Handtücher, Schampoos, Duschgel, Bettwäsche etc. an Bord sind, brauchen wir einen kompletten Vormittag, bis alles andere eingepackt und der Wassertank gefüllt ist. Rechnen Sie also für das erste Beladen lieber mit einem ganzen Tag, packen Sie in Ruhe alles ein und fahren Sie dann am nächsten Morgen entspannt los.

Kurbeln Sie zum Beladen in jedem Fall die Stützen herunter! Ein kleinerer Wagen, der nur auf dem Stützrad steht, kann hinten herunterkippen, wenn Sie dort einladen. Und wenn Sie vorn beladen, können Sie das Stützrad überlasten!

Dann schalten Sie am besten den Kühlschrank an, damit er schon mal vorkühlen kann. Gut ist hierfür ein 230-Volt-Stromanschluss.

Nun wird Ihr Gepäck wie bereits beschrieben an seinem Platz verstaut. Wir haben vor der ersten Benutzung eines Wagens immer einen Plan gemacht, wem welcher Schrank „gehört" und was wohin kommt: Dinge, die Sie häufiger brauchen, kommen in leicht erreichbare Klappen/Staufächer, Dinge, die Sie eher selten herausholen müssen, wie z.B. Reservehandtücher oder Reservebettwäsche, kommen in die schlechter erreichbaren Schränke. Dabei achten Sie natürlich auch auf das richtige Verteilen des Gewichts! Schwere Gegenstände müssen unten und gleichmäßig vorn und hinten untergebracht werden. Lose oder flüssige Lebensmittel und andere Flüssigkeiten sollten sich in fest verschließbaren Behältern, die möglichst auch unzerbrech-

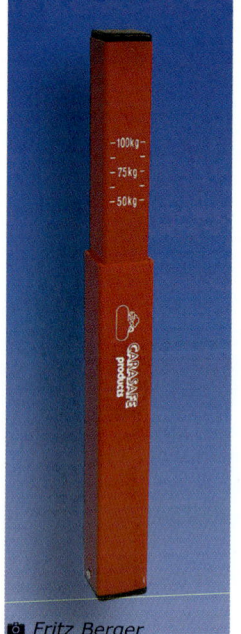

Eine einfache Stützlastwaage wie diese kostet nicht viel.

lich sind, befinden. Diese sollten Sie außerdem so verstauen, dass sie vor einem Umkippen möglichst gut geschützt sind.

Lebensmittel, die in den Kühlschrank gehören, packen Sie als Letztes ein. Wenn Ihre Bordbatterie nicht während der Fahrt geladen wird und Sie die Gasanlage unterwegs auch nicht betreiben dürfen, ist es besser, die zu kühlenden Lebensmittel, die Sie schon von zu Hause mitnehmen möchten, in eine Kühlbox zu packen, die ins Auto gestellt wird und während der Fahrt an eine 12-Volt-Steckdose angeschlossen werden kann. Mit einem passenden Netzteil können Sie sie während Ihres Urlaubs als zusätzlichen Getränkekühlschrank verwenden.

Alles drin und der Wassertank ist auch bereits mit der für die Fahrt vorgesehenen Menge gefüllt? Dann werden die Stützen wieder eingekurbelt und das Stützrad kommt auf die Waage. (Eine einfache Stützlastwaage können Sie günstig im Zubehörhandel erwerben, ab € 15.) Stimmt die Stützlast? Dann ist alles gut. Wenn sie nicht stimmt, heißt es umpacken, damit es nicht

Fritz Berger

gefährlich wird (bei zu geringer Stützlast kann der Wagen zum Beispiel schlingern, das ganze Gespann wird dann unkontrollierbar). Ist das Gewicht, das auf dem Stützrad liegt, zu hoch, müssen vorn aus dem Wagen schwere Teile herausgenommen und hinten im Wohnwagen oder im Auto verstaut werden, ist es zu niedrig, müssen noch schwere Dinge nach vorn. Oft reicht es schon, ein Sechserpack Mineralwasser ganz nach vorn (oder nach hinten, wenn die Achslast zu hoch ist) zu packen, um ungünstige Verhältnisse zu korrigieren. (Vergessen Sie nicht, die Stützen zum eventuellen Umladen wieder herauszudrehen!)

Vor der Abfahrt geht jemand, der diesen Job am besten auch zukünftig erledigen sollte, nach dem Ankuppeln des Wohnwagens durch den Wagen und kontrolliert, ob:

☐ alle Schränke und Schubladen verriegelt sind - auch im Bad.

☐ der Kühlschrank sorgfältig eingeräumt (Flaschen vorm Umfallen gesichert), verschlossen und für die Fahrt auf Batterie oder Gas (bei entsprechender Ausstattung) umgeschaltet ist.

☐ alle Dachluken geschlossen und verriegelt sind (sie können sonst während der Fahrt auffliegen).

☐ alle Fenster geschlossen und verriegelt sind.

☐ die (Glas)Abdeckungen von Spüle und Kochfeld geschlossen sind.

☐ die Sat-Schüssel, falls vorhanden, eingekurbelt ist.

☐ nichts offen im Wagen herumliegt - der Wohnwagen ist nicht im Entferntesten so gut gefedert wie Ihr Auto, schon leichte Schlaglöcher können sich verheerend auswirken und auch in den Schränken nicht fest verkeilte Gegenstände durcheinander rütteln oder umfallen lassen.

☐ das Stromkabel abgezogen ist.

☐ die Einstiegsstufe verstaut ist.

☐ die Kurbel für die Stützen verstaut und der Gaskasten geschlossen ist.

Tippen Sie diese Liste ab und ergänzen Sie sie gegebenenfalls (z.B. um die Hundeleine, die an der Deichsel befestigt ist, und den Trinknapf Ihres Hundes), hängen Sie sie im Wagen auf und haken Sie vor jeder Abfahrt zumindest in Gedanken alles ab!

Nach dieser Kontrolle wird der Wagen verschlossen und möglichst niemand mehr hineingelassen. Ein eben noch mal kurz in den Kühlschrank gestellter Joghurt kann ein ziemliches Chaos hinterlassen, wenn vergessen wurde, den Kühlschrank anschließend wieder ordentlich zu verriegeln.

Diese Prozedur wiederholen Sie vor jeder Abfahrt, auch wenn Sie nur zwischendurch eine Pause im Wagen gemacht haben.

Nun sollten Sie am Pkw noch Ihre Zusatzspiegel anbringen. Achten Sie beim Kauf darauf, dass die Spiegel stabil montiert werden können. Wer Wert auf die passende Optik legt, kann zu einigen Pkw-Modellen auch die passenden Spiegel erwerben. Natürlich können diese auch in Wagenfarbe lackiert werden (Infos unter  www.emuk.com). Damit die Spiegel nicht geklaut werden, werden sie mit einem Spezialschlüssel montiert.

Eine Diebstahlsicherung schützt Ihre Spiegel vor Langfingern.

 EMUK

Ankuppeln

Alles dran? Dann kann der Wohnwagen angehängt werden. Dazu drehen Sie das Stützrad so hoch, dass Sie mit Ihrer Anhängerkupplung unter die Kugelpfanne an der Deichsel fahren können. Dazu lässt sich der Fahrer von einer zweiten Person möglichst genau einweisen. Beim Wohnwagen muss zu diesem Zeitpunkt die Bremse gezogen sein. Wenn Sie korrekt stehen, legen Sie das Sicherungsseil des Wohnwagens über die Kupplung des Pkw. Nun drehen Sie das Stützrad herunter, bis die Kugel einrastet, und lösen dann die Bremse des Wohnwages. Stecken Sie den Stecker in die Dose am Pkw. Schalten Sie nun alle möglichen Leuchten nacheinander ein (Fahrlicht, Bremslicht, Blinker rechts und links und Warnblinkanlage). Eine zweite Person muss hinten schauen, ob beim Wohnwagen alle Lampen wie gewünscht funktionieren.

Unterwegs

Kleine Fahrschule

Nun soll es losgehen, doch wie verhalten Sie sich, wenn …

… der Berg ruft?

Anfahren am Berg ist mit Wohnwagen nicht ganz einfach. Am leichtesten haben es die Besitzer von Automatikfahrzeugen: einfach Gang rein und los geht's. Neuere Fahrzeuge besitzen häufig schon eine Berganfahrhilfe. Dabei wird die Bremse etwas verspätet gelöst und das Gespann rollt nicht zurück. Für alle, die nicht über diese technischen Feinheiten verfügen, hilft nur üben, üben, üben! Wenn es möglich und genug Platz vorhanden ist, stellen Sie das Gespann etwas schräg zum Berg, sodass der Wohnwagen nicht direkt nach unten zieht. Das erleichtert die Sache. Dann lassen Sie die Kupplung bis zum Schleifpunkt kommen, geben gefühlvoll Gas und fahren los. Wenn Sie einen Handbremshebel haben, können Sie auch die Handbremse anziehen. Dann lassen Sie die Kupplung langsam kommen, lösen langsam die Handbremse und fahren an. Das Ganze sollten Sie bereits vor dem Urlaub üben und perfekt beherrschen.

… wenn starker Wind herrscht?

Nichts ist schlimmer als tückischer Seitenwind, der das Gespann ins Schleudern bringt. Doch was tun? Leichtes Ausbrechen des Wohnwagens können Sie durch Temporeduzierung oder gefühlvolles Korrigieren am Lenkrad gut in den Griff bekommen. Schwieriger wird es bei hohen Geschwindigkeiten und starkem Pendeln. Dann sollten Sie das Lenkrad beherzt in die Hände nehmen und satt auf die Bremse treten, bis das Gespann wieder unter Kontrolle ist. Der Beifahrer sollte derweil das Warnblinklicht einschalten, sofern sich der Schalter in der Mittelkonsole befindet und gut erreichbar ist. So wird der nachfolgende Verkehr gewarnt. Wenn der Wohnwagen ein Anti-Schlinger-System besitzt, wird der Wohnwagen automatisch abgebremst und das Gespann dadurch gestreckt. Das Pendeln hört auf.

… wenn Sie rückwärtsfahren müssen?

Rückwärtsfahren ist eigentlich ganz einfach. Alles ist andersherum. Der Wohnwagen soll hinten nach links? Dann lenken Sie mit dem Auto nach rechts. Das Wichtigste dabei ist, sich genug Zeit zu lassen und langsam zu fahren. Wenn der Wohnwagen zu stark eingeschlagen hat, fahren Sie einfach kurz wieder nach vorne und alles ist in Ordnung.

Wenn Sie eine größere Strecke gerade zurück fahren müssen, fahren Sie am einfachsten nach Spiegel, dann müssen Sie nicht seitenverkehrt lenken. Taucht der Wohnwagen im rechten Spiegel auf, lenken Sie etwas nach rechts, wenn er im linken Spiegel auftaucht etwas nach links. Wenn Sie rückwärts-fahren, sollte immer der Beifahrer aussteigen und Sie einweisen. Sprechen Sie

Die Spiegel sind beim Rückwärtsfahren unverzichtbare Helfer.

EMUK

sich ab und vereinbaren Sie eindeutige Handzeichen. Auch dieses sollte vorher geübt werden.

… wenn Sie lange und steil bergab fahren müssen?

Eine solche Situation kann sich z.B. in den Alpen oder Norwegen ergeben. In so einem Fall sollten Sie zwischendurch in eine Haltebucht fahren und Ihren Bremsen am Pkw Gelegenheit geben, abzukühlen.

☺ Einige Hersteller und auch der ADAC bieten ein Fahr-Sicherheitstraining an. Fragen Sie doch einmal Ihren Händler oder informieren Sie sich beim ADAC unter 🖥 www.adac.de. Ein Caravan-Training kostet € 125 für Nichtmitglieder bzw. € 109 für Mitglieder.

Zwischenübernachtung

Auf der Fahrt zu Ihrem Ziel werden Sie vielleicht auch einmal übernachten müssen. In Deutschland dürfen Sie auf jedem öffentlichen Parkplatz, auf dem es keine zeitlichen Einschränkungen (z.B. für die Nacht) gibt, zur Wiederherstellung Ihrer Fahrtüchtigkeit einmal im Wohnwagen übernachten. Campingähnliches Verhalten wie das Aufstellen von Stühlen und Tischen samt Grill ist dabei nicht gestattet. Die Experten sind sich nicht ganz einig, ob die Stützen oben bleiben müssen oder ausgefahren werden dürfen und ob der Wohnwagen angekuppelt bleiben muss. Wir haben ihn immer angekuppelt gelassen, zur Entlastung der Anhängerkupplung aber die Stützen herausgedreht. Natürlich benötigen Sie mindesten zwei Parkplätze hintereinander, die lang genug sind. Auf denen für Lkw dürfen Sie nicht stehen, und auch nicht auf denen für Wohnmobile, wenn diese mit dem Wohnmobilzeichen gekennzeichnet sind.

Da es an den Autobahnrastplätzen die ganze Nacht hindurch sehr laut ist und die meisten Überfälle auf Wohnmobile und Wohnwagen genau dort passieren, empfehlen wir Ihnen, sich eine Land- oder Bundesstraße parallel zur Autobahn zu suchen, wo es oft noch Gasthöfe mit großen Parkplätzen gibt. Wie haben immer einen übers Branchenbuch/Internet gesucht, angerufen und gefragt, ob wir dort übernachten dürfen, wenn wir einkehren. Das ist uns immer gern gestattet worden.

Wenn Sie nicht einkehren möchten, bieten sich auch Wanderparkplätze oder solche an Freibädern oder Sportzentren an, sofern das Parken dort nachts nicht verboten ist. Sie liegen meistens schön ruhig und sind nachts eher wenig frequentiert. Natürlich müssen Sie Platz genug zum Rangieren haben.

Obwohl eigentlich nicht erlaubt, haben wir auch häufiger auf Wohnmobilstellplätzen gestanden. Wir haben uns aber immer solche herausgesucht, die viele Plätze hatten und wo wir nicht befürchten mussten, reisenden Wohnmobilisten das letzte Plätzchen wegzunehmen. Auch dabei hatten wir nie Probleme. Versteht sich aber von selbst, dass Ihr Abwassertank bei der morgendlichen Wäsche unter dem Abflussrohr steht.

Eine gute Lösung ist es natürlich auch, einfach eine Zwischenübernachtung auf einem Campingplatz einzulegen. In manchen Campingführern sind Plätze, die relativ nah an der Autobahn liegen, sogar extra gekennzeichnet.

So etwas haben wir bisher nur in Skandinavien gefunden: ein Rastplatz am See, Campen erlaubt. Sogar ein Plumpsklo ist manchmal vorhanden. Auch Feuerholz fürs abendliche Lagerfeuer kann man an manchen Plätzen für wenig Geld erwerben.

Noch eine grundsätzliche Empfehlung: Suchen Sie sich Ihren Platz nicht erst in stockfinsterer Nacht, sondern zu einer Zeit, zu der Sie noch gut sehen können. Im Sommer ist das ja bis spät in die Nacht der Fall. Machen Sie Ihre Anreise durch eine gut geplante Übernachtung schon zu Ihrem ersten Urlaubstag.

Am Ziel

Wenn Ihr Ziel ein Campingplatz ist, sollten Sie in jedem Fall nicht erst zu späterer Stunde dort eintreffen, sondern so, dass Sie sich in aller Ruhe an der Rezeption anmelden und anschließend Ihren Platz gemütlich einrichten können, ohne die Nachbarn zu stören. An der Rezeption wird man von Ihnen wissen wollen, wie lange Sie bleiben möchten, wie viele Personen Sie insgesamt sind und ob Sie ein Haustier dabeihaben. Außerdem wird oft die Adresse und das/die Kennzeichen notiert. Ist die Rezeption nicht besetzt, finden Sie im Allgemeinen Hinweise, wie Sie verfahren sollen. Das reicht von schlichtem Warten bis zur nächsten Öffnungszeit über eine Telefonnummer, die Sie anrufen sollen, bis zu dem Hinweis: Suchen Sie sich einen Platz aus, wir kommen später zum Kassieren. Letzteres ist z.B. auf den kleineren Campingplätzen in Skandinavien absolut üblich.

Bevor Sie für mehrere Nächte buchen, sollten Sie den Platz aber lieber besser kennenlernen. Vielleicht verläuft genau hinter dem kleinen Wäldchen, das Sie als Windschutz auserkoren haben, eine Eisenbahnlinie, auf der die ganze Nacht hindurch Güterzüge verkehren, oder eine Motorcrossbahn liegt verborgen, aber hörbar in der Nähe und den ganzen Tag rattern und röhren die Maschinen.

Nun gut: Sie haben jemanden erreicht und sich registriert. Auf allen größeren Plätzen wird man Ihnen ein für Ihr Gespann gut erreichbaren geeigneten Platz zuweisen und Sie müssen nur noch dort einparken. Auch hier gibt es manchmal Anweisungen, wie das zu geschehen hat: recht oder links oder quer.

Sollte man Sie mit der Bemerkung „Suchen Sie sich einen Platz aus" ziehen lassen, sollten Sie dies erst einmal zu Fuß tun. Wenn Sie sich nicht auskennen, haben Sie sich schnell festgefahren und müssen unter Umständen einige Hundert Meter - vielleicht sogar bergauf - rückwärtsfahren.

Freie Platzwahl auf einem Campingplatz oberhalb von Oslo

Achten Sie bei der Platzwahl darauf, dass Sie waagerecht stehen können, dass nicht gerade die stärkste Laterne des Platzes in Ihren Wagen scheint oder die Sanitäranlagen direkt nebenan liegen und dass Ihre Sat-Schüssel nicht durch Bäume verdeckt ist, falls Sie fernsehen möchten. Außerdem brauchen Sie noch etwas Platz für Ihr Vorzelt/Ihre Markise.

Auf fast allen größeren Campingplätzen in Europa gibt es sogenannte Parzellen, die Ihnen genau zeigen, wo Ihr „Revier" beginnt und wo es aufhört. Es gibt aber auch Plätze, die aus nichts anderem als einer oder mehreren großen Wiese(n) mit einigen Stromkästen bestehen. Hier liegt es in Ihrer Verantwortung, sich richtig aufzustellen - stellen Sie sich nicht zu nah an einem Nachbar und beanspruchen Sie nicht zu viel Platz für sich. Wenn Sie die Möglichkeit haben, achten Sie auch auf die Windrichtung und die Sonne. Die Tür sollte sich, wenn möglich, auf der dem Wind abgewandten Seite befinden und die Sonne sollte - vor allem in wärmeren Gegenden - nicht den ganzen Tag über auf die Abluftschlitze des Kühlschranks scheinen. Achten Sie auch darauf, dass der nächste Stromkasten so liegt, dass Ihr Kabel lang genug ist, um ihn erreichen. Ein Wasseranschluss in Schlauchlänge ist ebenfalls praktisch.

Nun haben Sie - auf welchem Weg auch immer - Ihren Platz gefunden. Bevor Sie aber dorthin fahren und Ihren Wagen auf den Platz rangieren, füllen Sie erst Ihren Wassertank auf, sofern kein Wasserhahn auf dem Platz selbst vorhanden ist. Jetzt fahren Sie zu Ihrem Platz und rangieren Ihren Wagen an die richtige Stelle. (Wenn der Platz sehr eng ist oder Sie das Rangieren mit dem Anhänger nicht so gut beherrschen, können Sie den Caravan auch erst abkuppeln und dann mithilfe eines Movers oder der eigenen Muskelkraft an die richtige Stelle bringen. Ein paar helfende Hände, die beim Schieben mit anpacken, finden sich auf Campingplätzen fast immer.) Auf Plätzen mit unebenem Gelände ist es eventuell nötig, unter ein Rad einen Unterlegkeil zu legen. Wenn der Wagen rechts und links gleich hoch steht, kurbeln Sie das Stützrad runter. Ziehen Sie den Stecker aus dem Auto, kuppeln Sie den Wohnwagen vom Auto ab und kurbeln Sie die Stützen herunter. Hierfür sollten Sie keinen Akku-Schrauber verwenden, da die Spindeln nicht für so schnelle Drehungen ausgelegt sind. Wer trotzdem den Schrauber ansetzen möchte, kann sich im Zubehörhandel entsprechende Spindeln besorgen. Als Luxusvariante gibt es auch elektrische Stützen, die auf Knopfdruck bis zum Bodenkontakt ausfahren. Eine automatische Ausrichtung findet allerdings nicht statt.

Eine Wasserwaage auf dem Boden des Wohnwagens, die von einer zweiten Person im Auge behalten wird, zeigt Ihnen ganz genau, wann Sie waagerecht stehen. Der Wagen darf zum Schluss nicht auf den Stützen stehen, das Gewicht muss auf der Achse und damit auf den Rädern liegen. Mit den Stützfüßen sorgen Sie nur dafür, dass er waagerecht steht und nicht kippelt. Die Stützen dürfen Sie nicht so weit herauskurbeln, dass die Räder frei in der Luft hängen, sonst zerstören die Stützen den Unterbau des Wohnwagens, der für solch eine Belastung nicht ausgelegt ist. Unter die Stützen kommen die Brettchen aus Siebdruckplatte oder Kunststoff (es sei denn, Sie haben die AL-KO „big foot"). Stellen Sie zum Schluss den Abwassertank unter den Auslasshahn, schließen Sie den Wagen am Strom an, falls vorhanden, und stellen Sie dann den Kühlschrank auf 230 Volt um. Wenn Sie keinen Strom haben, schalten Sie den Kühlschrank auf Gasbetrieb.

Als Nächstes wird das Vorzelt aufgebaut bzw. die Markise herausgekurbelt und befestigt. Seien Sie dabei vor allem, wenn es windig ist, vorsichtig: Sie wären nicht der Erste, dem das komplette Vorzelt über das Dach geblasen wird. Sichern Sie alles mit zum Boden passenden Heringen, rollen Sie Ihren Teppich aus und stellen Sie Ihre Campingmöbel auf.

Nun kann der der erste Urlaubstag beginnen, aber Achtung! Seien Sie beim ersten Öffnen vor allem des Kühlschranks, der Schränke mit dem Küchengeschirr und des Badezimmerschranks sehr vorsichtig: Irgendetwas wird Ihnen bestimmt entgegenkommen, wenn Sie nicht ausschließlich auf neu geteerten Autobahnen unterwegs waren.

Wenn Sie länger an einem Platz bleiben und Ausflüge mit dem Pkw unternehmen möchten, sollten Sie nun auch die Aufsatzspiegel abnehmen.

Abwasch und Co.

Auch Eltern haben ein Recht auf Urlaub und Kindern schadet es keinesfalls, sich im Rahmen ihrer Möglichkeiten an den täglich anfallenden Arbeiten wie dem Tischdecken, Abräumen, Abwaschen, Müll-Wegbringen, Badesachen-Aufhängen etc. zu beteiligen. Besprechen Sie vorher zu Hause alle zusammen, wer welche Aufgaben übernimmt. Soll das den ganzen Urlaub über so bleiben, soll zwischendurch getauscht werden? Wenn jeder bei der Einteilung ein Mitspracherecht hatte, wird es im Urlaubsalltag die wenigsten Probleme geben.

Planen Sie vielleicht auch gleich so, dass es ausreicht, einmal täglich abzuwaschen. Wir haben immer eine Ortlieb-Faltschüssel (praktisch auch zum Transportieren des schmutzigen Geschirrs zur Campingplatzküche) dabei, in der das Frühstücksgeschirr und das der kleinen Mittags- bzw. Kaffeemahlzeit darauf wartet, abends nach unserer warmen Mahlzeit abgewaschen zu werden. Wenn Sie mittags kochen, sollte der Abwasch daran anschließend erfolgen: Festgetrocknete oder vor sich hin müffelnde Topfinhalte sollten Sie gar nicht erst riskieren.

Wintercamping

Auf die speziellen Anforderungen ans Wintercamping können wir in diesem Ratgeber nicht detailliert eingehen, trotzdem ein paar Tipps:

Sie gehören zu der ganz harten Gruppe der Camper und möchten auch Ihren Skiurlaub in Wohnwagen verbringen? Dann brauchen Sie einen winterfesten Wagen mit besonders guter Heizung und isolierten Frischwasser- und Abwassertanks. In jedem Fall praktisch: ein besonders stabiles Wintervorzelt, in dem Skistiefel und Stöcke sowie Skianzüge „übernachten können". Isolierhauben über den Dachluken und vor den Fenstern halten die Wärme im Raum. Fürs Bad gibt es Badheizteppiche, die an eine 12-Volt-Steckdose angeschlossen werden.

Vergewissern Sie sich in jedem Fall, ob der angepeilte Platz im Winter überhaupt geöffnet hat!

Überwinterung und Frühjahrsinbetriebnahme

Für den Winter müssen Sie Ihren Wohnwagen winterfest machen. Dazu werden zuerst einmal alle Schränke ausgeräumt. Vor allem Essensvorräte sollten auf keinen Fall im Wagen bleiben, wenn Sie im nächsten Urlaub keine tierischen Mitbewohner haben wollen. Den Kühlschrank sollten Sie etwas öffnen, um Schimmelbildung zu vermeiden.

Ihr Bettzeug nehmen Sie ebenfalls mit ins Haus. Ideal wäre es auch, wenn Sie die Polster bei sich zu Hause verstauen könnten, das wird aber oft nicht möglich sein. Dann stellen Sie sie im Wohnwagen möglichst aufrecht, sodass sie von allen Seiten belüftet sind. Außerdem sollten Sie einen Raum-Luftentfeuchter aufstellen. Dieser verhindert, dass die Luft im Wagen allzu feucht wird. Vergessen Sie nicht, das gesammelte Wasser regelmäßig auszuleeren.

Geschirr und Besteck können Sie im Wohnwagen lassen, sofern Sie es nicht im Winter für andere Zwecke gebrauchen wollen. Es sollte natürlich sauber sein! Auch das Vorzelt und der Vorzeltteppich können im Wohnwagen gelagert werden, wenn sie sauber und trocken sind. Ansonsten droht Schimmelgefahr.

Wenn Sie keine Scheune oder regengeschützten Abstellplatz haben, können Sie Ihren Wagen im Winter mit einer Schutzhülle versehen. Es gibt verschiedene Ausführungen - wählen Sie lieber ein etwas teureres Modell aus wasserbeständiger, aber atmungsaktiver Folie, die die Feuchtigkeit entweichen lässt. Reißverschlüsse an den Seiten gewährleisten, dass Sie auch in einen „eingepackten" Wagen hineinkommen.

Die Wasseranlage benötigt Ihre besondere Aufmerksamkeit!

Biofilme und Kalkbeläge haben sich im Sommer in der Trinkwasseranlage gebildet. Wenn Sie gegen Bakterien und schlechten Geschmack nicht immun sind, sollten die Beläge jetzt entfernt, die Anlage entkeimt und entkalkt werden. Wir benutzen dafür z.B. immer die RedBox von Multiman, die alle notwendigen Reinigungs- und Desinfektionsmittel enthält.

Eine jährliche Grundreinigung vor dem Winter ist wichtig. Ist das Fahrzeug der Kälte ausgesetzt, werden die Beläge durch den Frost hart. Fahren Sie dagegen zum Überwintern oder für einen längeren Urlaub in den Süden, wachsen die Beläge weiter. In beiden Fällen erhöht sich im Frühjahr der Aufwand, sie zu entfernen.

Beziehen Sie auch die Toilette mit in die Wintervorbereitungen ein, dann brauchen Sie keine Abstriche bei der Lebensqualität in Ihrem Fahrzeug zu machen. Die Toilette ist in ihrer „Unterwelt" nach der Reisesaison meist in einem schlimmen Zustand! Vor allem Anhänger einer chemiefreien Toilette leiden unter Ablagerungen aus Fäkalien, Urinstein und Papierresten in der Kassette. Diese erzeugen nicht nur strengen Geruch, sondern sind auch unhygienisch. Ein spezieller Toilettenreiniger (z.B. MulitMan ToilettenClean) schafft hier wieder saubere Verhältnisse. Füllen Sie einfach warmes Wasser in die Kassette und lassen Sie den Reiniger 12-24 Stunden einwirken. Danach die Kassette schütteln, entleeren und die Arbeit ist getan.

Als Letztes bleibt noch die Vorbereitung auf das Winterlager oder den Winterbetrieb.

Wenn Sie ein frostsicheres Quartier haben, dann ist das Einwintern ganz einfach: Nach der Reinigung der Trinkwasseranlage füllen Sie diese mit Trinkwasser und geben ein chlorhaltiges Mittel wie Multiman Chlorosil dazu. Damit vermeiden Sie Wiederverkeimung während der Standzeit. Im Frühjahr entleeren Sie die Anlage und spülen sie gründlich durch, z.B. mit MultiMan

SchlauchRein. So frischen Sie die Anlage auf und entfernen eventuell abge-
standenen Geschmack. Schon bei den ersten Sonnenstrahlen kann es wieder
losgehen!

Ist Ihr Fahrzeug dem Frost ausgesetzt, gibt es zwei Möglichkeiten um
Schäden zu vermeiden:

❶   Sie entleeren die Trinkwasseranlage und unternehmen sonst nichts.
Lassen Sie die Pumpe dabei so lange laufen, bis sie „schnorchelt" und die
Leitungen so weit wie möglich leer werden. Lassen Sie die Wasserhähne bei
abgeschalteter 12-Volt-Versorgung geöffnet. Bedienen Sie auch die Toiletten-
spülung, um die Zuleitung zu entleeren. Trotz aller Bemühungen werden bei
dieser Methode in Tank, Leitungen, Pumpen und Armaturen aber immer
noch Wasserreste verbleiben. Die Bakterien können sich darin bis zum Frost-
einbruch vermehren und die Trinkwasseranlage nach dem Auftauen bis zur
Inbetriebnahme verkeimen, sodass Sie nochmal eine gründliche Reinigung
vornehmen müssen. Außerdem besteht die Gefahr, dass Kondenswasser in
Pumpe und Armaturen einfriert und Schäden anrichtet.

❷   Sicherer ist es, ein spezielles Frostschutzmittel für Trinkwasseranlagen
einzusetzen, z.B. certinox FrostSchutz oder FrostEx von MulitMan. Bis ca.
-20°C sind die meisten Mittel frostsicher. Die nach Anleitung angemischte
Menge sollte ausreichen, um Boiler und Wasserleitungen zu füllen. Füllen Sie
die Mischung in den Tank und pumpen Sie sie in die Leitungen. Das noch
verbliebene alte Wasser wird aus Pumpe, Boiler, Leitung, Wasserhahn ver-
drängt. Geben Sie dann noch etwas Frostschutzmittel in den leeren Abwassertank. Im Frühjahr sollten Sie die Leitungen dann gründlich durchspülen
(☞ oben), sonst haben Sie keine weitere Arbeit mehr. Mit der sauberen und
hygienischen Trinkwasseranlage können Sie sofort losfahren.

Weiterhin ist es sinnvoll, den Wohnwagen nach der Saison innen sorgfältig
zu reinigen und auch außen gründlich von Dreck und Belägen zu befreien.
Mit Glycerin (Vaseline) verhindern Sie ein Festfrieren der Dichtungen und halten sie geschmeidig. Wenn Sie eine Batterie haben, sollten Sie daran denken,
dass diese regelmäßig geladen werden muss (☞ Die Technik/Die Elektrik).

Anhang

Campingplatz an der norwegischen Südküste

Wohnwagenhersteller (Auswahl)

▷   **Adria**, Reimo Reisemobilcenter GmbH, Geschäftsbereich Adria Deutschland, Boschring 10, 63329 Egelsbach, ☎ 061 03/40 05-81, FAX 061 03/40 05 88, ✆ adria@reimo.com, 🖥 www.adria-mobil.com

▷   **Bürstner** GmbH, Weststraße 33, 77694 Kehl, ☎ 078 51/85-0, FAX 078 51/85-201, ✆ info@buerstner.com, 🖥 www.buerstner.com

▷   **Carado** GmbH, Postfach 1140, 88330 Bad Waldsee, ☎ 075 24/999-0, FAX 075 24/999-354, ✆ info@carado.de, 🖥 www.carado.de

▷   **Dethleffs** GmbH & Co. KG, Arist-Dethleffs-Straße 12, 88316 Isny, ☎ 075 62/987-0, FAX 075 62/987-101, ✆ info@dethleffs.de, 🖥 www.dethleffs.de

▷   **Fendt**-Caravan GmbH, Gewerbepark Ost 26, 86690 Mertingen, ☎ 090 78/96 88-0, FAX 090 78/96 88-406, ✆ post@fendt-caravan.de, 🖥 www.fendt-caravan.com

▷   **Hobby**-Wohnwagenwerk, Harald-Striewski-Straße 15, 24787 Fockbek/Rendsburg, ☎ 043 31/606-0, ✆ info@hobby-caravan.de, 🖥 www.hobby-caravan.de

▷   **Hymer/Eriba**, HYMER AG, Holzstraße 19, 88339 Bad Waldsee, ☎ 075 24/999-106, FAX 075 24/999-220, ✆ info@hymer.com, 🖥 www.hymer.ag

▷   **KABE AB,** Box 14, Jönköpingsvägen 21, 560 27 Tenhult, Schweden, ✆ kabe@kabe.se, 🖥 www.kabe.se

▷   **Kip** Caravan BV, A.G., Bellstraat 4, 7903 AD Hoogeveen, Niederlande, ✆ info@kipcaravans.nl, 🖥 www.kipcaravans.nl

▷ **Knaus** Tabbert GmbH, Helmut-Knaus-Str. 1, 94118 Jandelsbrunn,
☎ 085 83/21-1, FAX 085 83/21-380, ✐ info@knaustabbert.de,
🖥 www.knaus.de

▷ **LMC** Caravan GmbH & Co. KG, Rudolf-Diesel-Str. 4,
48336 Sassenberg, ☎ 025 83/27-0, FAX 025 83/27-138,
✐ info@lmc-caravan.de, 🖥 www.lmc-caravan.de

▷ **Niewiadow**, Verkäufer Deutschland: Małgorzata Majda,
☎ 00 48/44/719 20 00, (Durchwahl: 434), FAX 00 48/44/725 93 12,
✐ m.majda@niewiadow.pl, 🖥 www.niewiadow.pl

▷ **Sterckeman**, Koch Freizeit-Fahrzeuge Vertriebs GmbH, Steinbrück-
str. 15, 255524 Itzehoe, ☎ 048 21/680 50, FAX 048 21/68 05 21,
✐ info@koch-freizeit-fahrzeuge.de, 🖥 www.sterckeman.de

▷ **Sunlight** GmbH, Arist-Dethleffs-Straße 12, 88316 Isny,
☎ 075 62/987-833, FAX 075 62/987-216,
✐ info@sunlight-caravaning.de, 🖥 www.sunlight-caravaning.de

▷ Knaus **Tabbert** GmbH, Helmut-Knaus-Str. 1, 94118 Jandelsbrunn,
☎ 085 83/21-1, FAX 085 83/21-380, ✐ info@knaustabbert.de,
🖥 www.tabbert.de

▷ **T.E.C.** Caravan GmbH & Co. KG, Rudolf-Diesel-Straße 4,
48336 Sassenberg, ☎ 025 83/93 06-0, FAX 025 83/93 06-299,
✐ info@tec-caravan.de, 🖥 www.tec-caravan.de

▷ **Weinsberg**, Helmut-Knaus-Straße 1, 94118 Jandelsbrunn,
☎ 085 83/21-1, FAX 085 83/21-380, ✐ info@knaustabbert.de,
🖥 www.weinsberg.com

▷ **Wilk**, Helmut-Knaus-Straße 1, 94118 Jandelsbrunn, ☎ 085 83/21-1,
FAX 085 83/21-380, ✐ info@knaustabbert.de, 🖥 www.wilk.de

Wie Sie an diversen Anschriften erkennen können, haben sich die Hersteller zum Teil aufgekauft, zum Teil auch zusammengeschlossen.

Versandhäuser/Händler für Campingzubehör

▷ **Fritz Berger**. Über 85 Läden in ganz Deutschland, die Standorte mit Übersichtskarte finden Sie auf der Internetseite unter dem Stichwort „Shopfinder". Onlinekauf ist ebenfalls möglich.

🖳 www.fritz-berger.de

▷ **Camping-Profi.** Auf der Internetseite finden Sie einen Katalog zum Blättern, bestellen können Sie dann online direkt beim Vertragshändler Ihrer Wahl. Die Liste der Händler findet sich auch auf der Seite.

🖳 www.camping-profi.de

▷ **Frankana**. Eine Händlerliste gibt es auf der Internetseite, sortiert nach Postleitzahlen - so finden Sie auch den für Sie am günstigsten gelegenen. Geliefert wird grundsätzlich vom Händler direkt.

🖳 www.frankana.de

▷ **Freizeitwelt.** Onlineshop, liefert direkt. Es gibt aber auch eine nach Postleitzahlen geordnete Liste mit Vertragshändlern (Partner).

🖳 www.freizeitwelt.de

▷ **Movera.** Auch hier finden Sie die Händler auf der Internetseite (unter dem Stichwort „Händlersuche"), sortiert nach Postleitzahlen. Geliefert wird nur direkt vom Händler.

🖳 www.movera.com

▷ **Reimo.** Internetshop, geliefert wird ab Reimo, Händlersuche über Homepage ebenfalls möglich.

🖳 www.reimo.com

Ausrüstungshandel

▷   **Globetrotter**, Wiesendamm 1, 22305 Hamburg,
☎ 040/29 12 23, FAX 040/299 23 80, 🖳 www.globetrotter.de,
✉ shop-hamburg@globetrotter.de. Weitere Filialen gibt es in Berlin, Bonn,
Dresden, Frankfurt, Köln und München, alle Anschriften stehen auf der Internetseite.

▷   **Lauche und Maas**, Alte Allee 28, 81245 München-Pasing,
☎ 089/88 07 05, Versand ☎ 089/820 66 77, FAX 089 83 12 88,
🖳 www.lauche-maas.de oder www.lauche-maas.eu,
✉ postmaster@lauche-maas.de. Weitere Filialen befinden sich in Jena und
Ulm, die Anschriften finden Sie auf der Internetseite.
Zusätzlicher Outdoorshop für Spezielles: 🖳 www.olm.de

▷   **Därr**, Schertlingstraßen 17, 81379 München-Obersendling,
☎ 089/28 20 32, FAX 089/ 28 25 25, 🖳 www.daerr.de,
✉ info@daerr.de

▷   **Woick**, TravelStore, Schmale Str. 9/Neue Brücke 3, 71173 Stuttgart,
☎ 07 11-709 67 00 (Bestell-Hotline), ☎ 07 11-709 67 51 (Beratungs-Hotline), 🖳 www.woick.de. Weitere Filialen finden Sie in Filderstadt und
Ulm, ein Outlet-Center in Metzingen.

▷   **Relags**, 🖳 www.relags.de. Eigentlich ist Relags ein Großhändler für
den Ausrüstungshandel, es gibt aber auch einen Onlineshop für Endverbraucher.

▷   **McTrek,** ☎ 061 81/95 26 30, 🖳 www.mctrek.de. Filialen in Alzey,
Berlin, Bremen, Datteln, Düsseldorf, Essen, Frankfurt, Göttingen, Hagen,
Hamburg, Idstein, Kassel, Kerpen, Köln, Montabaur, München, Nürnberg,
Regensburg, Rosenheim, Trier, Viernheim und Würzburg.

Zeitschriften und nützliche Internetadressen

▷   **Camping, Cars & Caravans**, monatlich erscheinendes Magazin für
Wohnwagen-Besitzer und solche, die es werden wollen, € 3,20
🖳 www.camping-cars-caravans.de/

▷   **Wohnmobil Wohnwagen Markt**, monatlich erscheinendes Magazin
mit vielen Anzeigen, allerdings deutlich wohnmobillastig, € 3

▷   **www.truckscout24.de**, Internet-Wohnwagenmarkt

▷   **www.caraworld.de**, Internet-Wohnwagenmarkt

▷   **www.mobile.de**, Internet-Wohnwagenmarkt

▷   **www.wohnmobile-wohnwagen.net** - kostenloser Anzeigenmarkt für
Wohnwagen, Wohnmobile und Zubehör

▷   **www.camping.info**, Campingplatz-Finder für Europa (über 24.000
Campingplätze werden vorgestellt) mit Bewertungen der Benutzer

▷   **www.campingfuehrer.adac.de**, Campingplatz-Finder des ADAC mit
Bewertungen, auch viele Tipps für Wohnwagennutzer

▷   **www.camping.de**, Vorstellung von über 54.000 Campingplätzen
weltweit, mit Karten, vielen Fotos von Nutzern und Bewertungen

▷   **www.campingplatz.de**, ebenfalls ein Platzverzeichnis für europäische
Plätze, mit Bewertungen, zum Teil mit Karten (leider auch viel Werbung)

▷   **www.camping-club.de**, Internetseite des Deutschen Camping-Clubs
mit vielen Infos rund ums Campen, auch Gebrauchtwagenmarkt für Wohnwagen

▷   **www.campen.de**, Forum für Camper

Buchtipps aus dem

Wetter

Michael Hodgson & Meeno Schrader
OutdoorHandbuch Band 13
Basiswissen für draußen
91 Seiten ▸ 32 farbige Abbildungen
21 farbige Illustrationen

ISBN 978-3-86686-013-1

>> **Nordis:** „*jeder kann lernen, wie man mit und ohne Instrumente zu einem echten Wetterfrosch wird. Ein handliches Büchlein für unterwegs.*"

Angeln

Harald Barth & Ronald Metzger
OutdoorHandbuch Band 21
Basiswissen für draußen
169 Seiten ▸ 91 farbige Abbildungen

ISBN 978-3-86686-021-6

>> **Rute & Rolle:** „*Klein, aber randvoll mit tollen Tipps und Tricks - das Büchlein 'Angeln'. [...] Hier steht alles drin, was Ihr am Wasser wissen müsst. Toll bebildert und mit zahlreichen Zeichnungen führt euch das gelbe Handbuch sicher zum Fangerfolg.*"

Kochen 2 - für Camper

Claudia Erben
OutdoorHandbuch Band 99
Basiswissen für draußen
120 Seiten ▸ 31 farbige Abbildungen

ISBN 978-3-86686-322-4

>> **Jungscharhelfer-Jahrbuch:** „*jede Menge leckere Rezepte.*"

Conrad Stein Verlag

Ratgeber rund ums Wohnmobil

Conrad Stein
OutdoorHandbuch Band 24
Basiswissen für draußen
136 Seiten ▸ 39 farbige Abbildungen

ISBN 978-3-86686-332-3

>> **Reisemobil interaktiv:** *„Auf 136 Seiten beschreibt Autor Conrad Stein alles Wichtige zum Thema Wohnmobil. [...] Ein nützliches Nachschlagewerk - kurz, prägnant und informativ."*

Wohnmobil in USA und Kanada

Frank Noack, Ingrid & Wolfgang Sauer,
OutdoorHandbuch Band 77
Basiswissen für draußen
170 Seiten ▸ 48 farbige Abbildungen
11 Illustrationen

ISBN 978-3-86686-077-3

>> **Western Mail:** *„Wohnmobil in USA und Kanada bietet dabei alles Wissenswerte für Leute, die diese Art von Fortbewegung wählen."*

Camping nicht nur für Anfänger

Ronald Metzger
OutdoorHandbuch Band 237
Basiswissen für draußen
174 Seiten ▸ 68 farbige Abbildungen

ISBN 978-3-86686-333-0

>> **Reisemobil international/Camping, Cars & Caravans:** *„Der Camper in spe erhält wertvolle Starthilfe. Durchdachte Ratschläge schützen davor, dass der Neuling Lehrgeld bezahlt und helfen, dass der erste Campingurlaub nicht der letzte bleibt."*

Buchtipps aus dem

Norwegen: Nordkap-Route

Dirk Heckmann
OutdoorHandbuch Band 95
Der Weg ist das Ziel
192 Seiten ▸ 41 farbige Abbildungen
10 farbige Kartenskizzen

ISBN 978-3-86686-350-7

>> **Nordis:** „alle nötigen Infos. Neben Tipps und Hinweisen zu den einzelnen Stationen machen trotz handlichem Miniformat Bilder vom Autor Dirk Heckmann Lust auf eine Tour Richtung Norden."

Schweden: Inlandsvägen

Dirk Heckmann
OutdoorHandbuch Band 322
Der Weg ist das Ziel
ca. 192 Seiten ▸ ca. 40 farbige Abbildungen
ca. 10 farbige Kartenskizzen

ISBN 978-3-86686-389-7   *Neu Fj. 2013*

Dieses Handbuch beschreibt die Strecke von Göteborg bis zum Polarkreis in Karesuando (1.700 km) und versorgt Sie mit allen Infos rund um Sehenswürdigkeiten, Verbindungsstraßen, Rast- und Campingplätze usw.

Rund um Island auf der Ringstraße

Hans-Peter Richter & Conrad Stein
OutdoorHandbuch Band 192
Der Weg ist das Ziel
272 Seiten ▸ 78 farbige Abbildungen
3 farbige Kartenskizzen

ISBN 978-3-86686-390-3

>> **vulkanismus.de:** „Insgesamt ist das Buch für die Planung einer Rundfahrt um Island sehr zu empfehlen."

Conrad Stein Verlag

Schnorcheln & Tauchen

Martin Kohn & Stefan Haensch
OutdoorHandbuch Band 72
Basiswissen für draußen
127 Seiten ▶ 27 farbige Abbildungen
27 Skizzen und Illustrationen

ISBN 978-3-86686-072-8

>> **DAV**: „*Abtauchen nach dem Klettern [...]? Dieser Band möchte euch die Faszination des Schnorchelns etwas näher bringen und Kenntnisse vermitteln, die ihr für einen sicheren Ausflug in die Tiefe benötigt ...*"

Tausend Tage Wohnmobil

Hildegard Grünthaler
OutdoorHandbuch Band 130
FernwehSchmöker
345 Seiten ▶ 27 farbige und 3 sw. Abbildungen

ISBN 978-3-86686-130-5

>> **Reise Mobil**: „*Sehr persönlich schildert die Autorin wie sie ihr Leben [...] hinter sich lässt, um sich der neuen Welt hinzugeben. Obendrein sind die Schilderungen so exakt, dass das fesselnde Buch als Reiseführer dient.*"

Womosapiens

Norbert Bobrich
OutdoorHandbuch Band 272
FernwehSchmöker
94 Seiten ▶ 26 farbige Abbildungen

ISBN 978-3-86686-291-3

>> **Reisemobil International/Camping, Cars & Caravans**: „*Womosapiens mit 26 farbigen Abbildungen ist eine informative und heitere Lektüre für Reisemobilisten.*"

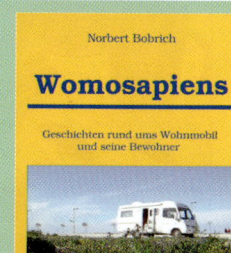

Index

Thule Safari Panorama (■ Thule)